한 걸음, 한 걸음

초판 1쇄 인쇄 2015년 5월 4일
초판 1쇄 발행 2015년 5월 10일

지은이 장예진 · 강은희

펴낸이 金湞珉
펴낸곳 북로그컴퍼니
편집 김옥자 태윤미 김현영
마케팅 김선규 김승지 윤수진
디자인 김승은
경영기획 김형곤

주소 서울시 마포구 월드컵북로1길 60(서교동), 5층
전화 02-738-0214
팩스 02-738-1030
등록 제2010-000174호

ISBN 978-89-94197-81-4 03980

목발 짚은 엄마와 유럽을 거닐다

한 걸음, 한 걸음

글 장예진 · 강은희

북로그컴퍼니

Prologue

12월, 짧은 여행의 선물

12월의 추운 겨울, 엄마와 유럽으로 떠났다. 1년 동안 약과의 사투를 벌인 엄마에게 일상을 벗어난 새로운 곳이 필요했고, 나 역시 지쳐버린 몸과 마음을 달래줄 곳이 필요했다. 그렇게 여행이 시작되었다.

그즈음 엄마는 인생 최대의 난제에 부딪힌 상황이었다. 결혼 전부터 반복된 많은 수술, 그로 인해 생긴 불면증, 오랜 외국 생활을 정리하고 돌아온 한국에 적응하지 못해 생겨난 우울증, 그리고 갱년기 증상까지…. 마지막 인공관절 제거 수술 뒤 오른쪽보다 4센티미터나 짧아진 왼쪽 다리로 인해 목발 없이는 외출할 수 없고, 외국보다 낯선 곳이 되어버린 한국에서 외톨이가 되어버린 엄마는 각종 약물에 의존한 채 하루하루 시들어가고 있었다.

때론 기억을 잃고, 때론 이상한 행동으로 날 불안하게 하던 엄마. 난 그런 엄마를 이해하려다 점점 버거워지고 감당하기 힘들어 화를 냈고, 세상에 둘도 없이 가깝던 모녀는 서로를 가장 아프게 하는 존재가 되어갔다.

약을 끊기로 작정하고 힘겹게 버티던 엄마에게 용기를 주고 싶어 선택한 독일행.

그곳에서 엄마는 가장 찬란했던 20대의 단짝친구 집에 머물며, 몇 년간 회색빛이었던 얼굴을 예쁜 오색빛 미소로 바꾸기 시작했다. 그리고 우리는 오랫동안 묻어두었던 속마음을 이야기하며 서로를 위로했다.

12월의 유럽은 추웠지만, 엄마와 난 그곳에서 봄을 맞이한 것처럼 따뜻하고 행복했다. 엄마와 내가 마주 보며 웃고 있다는 사실 하나만으로도 충분했다. 서로에게 상처를 준 모녀가 화해하고 서로를 위로하는 데 여행만큼 좋은 게 없다는 생각이 들었다. 꼭 유럽이 아니어도, 외국이 아니어도, 일상을 잠시 벗어나면 그토록 이해가 안 되던 상대방의 입장이 슬그머니 마음을 비집고 들어오는 경험을 우리는 했다.

이제 갓 치유 여행을 끝낸 엄마와 나, 다음 여행지는 어디가 될까?

2015년 봄, 장예진

그해 여름의 딸

"엄마 제발 나 좀 살려줘!"

약을 먹고 나니 숨이 가빠져왔다. 기다시피 침대에서 내려와 방문을 열고 거실로 나갔다. 나를 발견한 엄마가 파랗게 질린 얼굴로 달려오는 걸 마지막으로 기억이 흐릿해졌다.

눈을 뜨니 병원 응급실이었다. 팔엔 여러 개의 주삿바늘이 꽂혀 있고, 참담한 표정의 엄마가 옆에서 나를 내려다보고 있었다.

'아, 내가 무슨 짓을 한 거지….'

아직 약에 취해 제정신이 아닌 머릿속으로 전쟁 같았던 지난 1년의 기억이 하나 둘 떠올랐다.

몸은 아파도 늘 활기차고 긍정적이던 엄마에게 변화가 찾아온 건 1년 전부터였다. 25년 동안 수차례 반복된 다리 수술로 마약성 진통제와 근육 이완제, 소량의 수면제 그리고 위장약을 한 움큼씩 먹어야 하는 몸이었지만, 지난가을부터 시작된 심한 불면증과 우울증으로 더 많은 양의 수면제와 신경안정제까지 섞어 먹으면서 점차 이상해진 것이다. 안에 몇 알이 들었는지도 모르는 두툼한 약 봉지를 손에서 놓지 않았고, 약에 취해 소파에서 몸을 구십 도로 꺾은 채 졸기 일쑤였다.

내가 아무리 소리 질러 깨워도 눈동자에 총기가 돌아오지 않는 날이 계속되었다. 무서웠다. 이대로 가다간 엄마가 어떻게 될 것 같았다.

"엄마, 제발 이러지 마. 나는 어떡하라고! 제발, 엄마."

울며 애원해도 아무 반응 없이 다시 혼자만의 세상으로 까무룩 잠기던 엄마.

"엄마, 이러다 정말 큰일 나. 약 줄여야 돼. 내가 하루에 두 알씩만 줄게. 그렇게 줄여 나가자."

하지만 약 기운이 떨어지면 엄마는 정신 나간 사람처럼 내가 숨긴 약을 찾으며 불같이 화를 냈다. 서로 언성을 높이며 싸우거나 며칠 동안 말을 섞지 않는 냉전의 반복. 엄마가 약을 찾아내서 먹은 걸 알면 이번엔 내가 약을 변기에 쏟아부으며 발악을 해댔다.

"미쳤어!!! 엄마는 세상에서 제일 나쁜 엄마야. 계속 이러면 엄마 요양원에 보내고 다신 안 봐! 알아?"

그렇게 모녀가 집 안에 갇혀 전쟁을 치르는 1년 동안 나 역시 끝을 헤아릴 수 없는 수렁에 빠지고 말았다.

"이 약이 그렇게 좋아? 엄마가 그렇게 좋아하는 약, 먹으면 어떻게 되는지 엄마 눈으로 똑똑히 봐!"

하루는 끝이 보이지 않는 전쟁에 지쳐서 엄마의 약들을 모조리 입에 털어 넣고 내 방으로 들어가 쾅, 문을 닫았다. 그 순간엔 이성이 비집고 들어설 틈이 없었다. 그냥 이 모든 것이 끝났으면 하는, 정말 더는 못하겠다는, 이대로는 살 수 없나는 생각뿐이었다. 내가 이렇게 되어야만 이 일들이 끝나지 않을까 하는 어리석은 생각들만 가득했다.

내 몸의 약이 수분으로 걸러지는 동안 나는 잠이 들었다. 몇 시간이 흘렀을까, 창밖으로 동이 트고 있었다.

왜 이렇게까지 된 걸까, 난 왜 이렇게까지 했을까, 왜 나만 이렇게 불행해야 하는 걸까, 왜 나만 이렇게 슬퍼야 하는 걸까….

그렇게 원망 가득한 물음만 던지다 끝내 눈물이 흘렀다.

'못난 생각만 가득해서 못난 일을 저질러놓고 누굴 탓해. 놀란 엄마는 괜찮을까? 미안해… 엄마….'

그해 여름의 엄마

중독, 아프지 않으려는 인간의 발버둥

기분이 좋은 날, 정성스레 화장을 한다고 평소보다 공을 들여 몇 번씩 거울을 보고 있었다. 그런데 기겁을 한 딸이 나를 불렀다.

"엄마! 화장이 왜 이래??"

나를 보는 딸의 눈이 엄청 놀란 듯했다.

"왜?"

나는 딸의 반응이 더 의아했다. 오랜만에 색조 화장도 하고 신경 썼는데, 왜 그러지? 하고 다시 거울을 보는데 쿵 하고 가슴이 내려앉았다. 단 몇 초 사이, 머리가 정지된 느낌이다. 내가 대학 다니던 80년대에나 하던, 보랏빛 눈 화장에 파란색까지 덧칠하고 아이라인은 몇 겹을 그린 건지 눈은 판다가 되어 있었다.

딸이 놀라기 전까진 거울을 그렇게 들여다보면서도 뭐가 문제인지 전혀 몰랐다. 정신이 번쩍 들고 나서 보니 얼굴이 엉망이었다. 평소에는 아이라인 빼고 눈 화장을 거의 하지도 않는 내가 왜 이랬지? 이 이른 아침에 내가 한 이 행동은 뭐지?

몇 초도 안 되는 그 짧은 순간 민망함과 창피함이 한데 몰려 딸의 얼굴을 볼 수가 없었다. 그동안 정신이 나갔을 때 이런 황당한 행동들을 얼마나 해왔던 것일까. 아무리 떠올려봐도 기억이 안 나니 더욱 무서웠다. 난 구차하게 웃으며 '어머,

이상하게 됐네.'라며 일단 아무렇지 않은 척하려 애썼다.

"얘, 옛날에는 이게 유행이었어. 그런데 역시 요즘에 비하면 촌스러워서 안 되겠다, 그치?"

이렇게 말도 안 되는 변명을 해가며 급히 화장실로 들어가 화장을 지워냈다.

딸은 엄마의 반응에 어이없고 절망스러운 표정이었다.

나는 약을 먹었을 때의 내 행동이 그런 줄 정말 몰랐다. 남편의 직장을 따라 오랫동안 생활한 중국, 딸의 유학을 위해 함께했던 호주 생활을 거쳐 13년 만에 한국으로 돌아온 뒤 나와 딸 둘 다 적응에 어려움을 겪는 중이었다. 중국에서 먹던 강한 마약성 진통제를 한국에서 구할 수 없어 그나마 가장 센 진통제를 몇 알씩 먹어도 다리 통증은 가시질 않았고, 만날 사람도 할 일도 뚜렷이 없는 한국 생활은 급기야 우울증과 견디기 힘든 불면증까지 불러왔다.

잠을 자기 위해 처방받은 수면제와 신경안정제, 우울증 약을 진통제와 섞어 먹으면서도 나는 언제든 약을 끊을 수 있다고, 내가 알아서 조절할 수 있다고 철석같이 믿었다. 싸우고, 애원하고, 울고, 욕하는 딸에게도 큰소리를 쳤었다.

하지만 현실은 내 의지와는 다르게 점점 더 많은 약을 털어 넣어야 겨우 잠을 잘 수 있게 되었다. 약 기운에 정신없이 자고 일어나면 딸에 대한 미안함과 정신 차려야겠다는 다짐으로 방 정리도 하고 움직여보다가, 이내 몸 이곳저곳이 쑤시듯이 아파와 '이번만 먹어야지. 이번에만 약 먹고 좀 쉬어야지.' 하는 생각에 또 약에 손을 대는 악순환이 거듭됐던 것이다.

이런 생활이 1년째 반복되자 딸이 내 눈 앞에서 약을 한 움큼 집어 삼키고는 방으로 들어가버렸다. 순식간에 벌어진 일에 너무 놀라 온몸이 굳는 듯했다. 무섭기 시작했다. 약에 약한 아이인데, 감기약만 먹어도 심장이 두근거린다며 약도 잘 안 먹던 아이인데. 그제야 놓고 있던 정신이 번쩍 들었다.

숨이 가빠져오는 딸을 데리고 응급실로 직행했다. 목발을 짚었는지, 신발은 제대로 신었는지 기억나지 않는다. 그저 축 늘어진 딸의 몸과 점점 창백해지는 딸의 얼굴만 눈에 들어왔다.

응급실에 도착해 의사 선생님에게 언제 무슨 약을 얼마나 먹었는지를 빠르고 정확하게 전달했다. 내가 먹던, 내 약이었으니까. 여러 가지 기본 체크를 한 뒤 다행히 위세척 정도까진 아니라는 진단을 들었다. 하지만 과다 복용한 약이 빠져나갈 때까지 수액을 맞아야 하고, 극도로 긴장된 상태이니 몸이 회복될 때까지 충분히 쉬어야 한다는 말에 난 그저 눈물만 흘렸다.

잠든 딸의 창백한 얼굴을 보고 있자니, '엄마, 제발 나 좀 살려줘.' 애원하던 모습이 오버랩 되어 아무 말을 할 수가 없었다. 이 어린 것이 얼마나 짐이 무겁고 힘겨웠으면 이랬을까 싶어 가슴이 찢어질 듯 아파왔다. 말로도 애원으로도 안 되는, 무엇으로도 통하지 않는 엄마에게 마지막 발악을 한 딸. 아무리 힘들어도 어릴 때부터 잘 견뎌내주어 아주 든든한 딸로 커가고 있는 줄만 알았는데. 얼마나 희망이 보이지 않았으면 이랬을까.

한참 뒤 온 몸이 이상하고 저리는지 희미하게 눈을 뜨는 딸. 나를 바라보는 딸 역시 아무 말이 없다. 온전히 깨어난 후 딸의 마음은 어떨까. 쉽게 내가 이야기 할 수 없을 것 같다.

집에 돌아와 딸은 다시 제 방으로 들어가 침대에 누웠고, 난 냉장고를 뒤져 딸의 속을 달래줄 야채 죽을 만들어놓았다.

소파에 앉아 생각에 빠져들었다. 어쩌다 이렇게 됐을까, 어디서부터 잘못된 걸까,

내가 엄마니까 딸이 가고 싶은 길을 잘 가도록 도와주어야 하는데, 그 시작도 못 하고 있는, 봉오리조차 피지 못한 저 딸아이를, 보고만 있어도 힘든 저 아이를 어떻게 해야 하나. 난 무슨 짓을 하고 있는 것인지.

그때부터 소리 못 내는 통곡이 시작되었다. 그것이 속울음이던가. 뜨거운 눈물만이 하염없이 숨을 죄어오며 흐를 뿐이었다.

PART 01

Köln, Germany

스무 살 엄마를 만나다

구텐 탁, 독일로 출발

"어어어어어!"

쿵. 엉덩방아를 찧었다. 20킬로그램 정도 되는 캐리어 두 개를 양손으로 끌다 아파트 단지 내리막길에서 속도에 못 이겨 그만 넘어지고 만 것이다.

"푸하하하."

웃음이 났다. 차가운 땅에 힘껏 내려앉은 엉덩이는 분명 아픈데, 너무 아픈데 웃음이 났다. 그런 내가 어이없다는 듯 엄마도 옆에서 웃고 있다. 불과 몇 달 전까지만 해도 상상할 수 없었던 이 여행이 정말로 시작되고 있다는, 믿기지 않는 벅찬 감정이 몰려왔다.

공항으로 향하는 택시 안에서 창밖을 바라보는 엄마를 가만히 보고 있자니 또다시 여러 가지 생각이 들었다. 엄마의 눈에는 저 풍경들이 어떻게 보일까, 사계절이 어떻게 지나는지도 모르고 살았던 지난 시간들을 벗어나 세상 밖으로 나온 기분이 어떨지 궁금했지만 난 묻지 않았다. 언뜻 창에 비친 엄마의 눈빛이 설레기보다는 서글퍼 보였기 때문이다. 만감이 교차한다는 표현이 바로 저런 표정을 두고 하는 말이구나.

우리의 목적지는 독일 서쪽 지방에 있는 쾰른. 20여 년 만에 연락이 닿은 엄마의 대학 동창이 꼭 한번 오라고 초대해주신 덕에 엄마와 내가 용기를 낸 것이다. 심각한 우울증과 불편한 몸 때문에 집 밖으로 나서는 것조차 꺼리던 엄마가 무려 유럽이라니! 평범한 사람이라면 그저 즐겁고 설레는 여행일 뿐이겠지만, 우리 모녀에게 이것은 설렘을 넘어서는 모험이다.

휠체어 서비스를 신청해 엄마를 태우고 장애인 우선 수속과 전용 심사대를 통해 보안 검색대와 출국 심사까지 빠르게 마쳤다. 느긋하게 면세점을 돌아보고 커피를 한잔 마시다가, 문득 엄마와 약속을 한 가지 해야겠다는 생각이 들었다.

"엄마, 나하고 새끼손가락 걸고 약속!"

"왜? 뭘?"

"싸우지 않기!"

"아이고, 내가 하고 싶은 말이네."

"감정이 상하는 것까지는 어쩔 수 없지만 될 수 있으면 참자. 서로 화났을 때 얘기하지 말고, 일단은 한숨 자고 나서 다시 얘기하자. 한풀 가라앉히고. 하하하."

내가 말하고도 너무 유치해 웃음이 났다. 하지만 그래도 약속은 약속!

그동안 서로에게 상처 주며 살벌하게 싸우던 걸 생각하면 우선 나부터라도 이런 다짐을 해두어야 머나먼 유럽에서의 모녀전쟁을 피할 수 있을 것 같아서였다.

조심조심 세상 밖으로

비행기 좌석에 자리를 잡고 앉으니, 정말 내가 독일로 가고 있구나 하는 실감이 났다. 중국과 한국을 오가는 비행기는 이골이 나게 탔지만, 10시간이 넘는 장거리 비행을 내 몸이 감당할 수 있을지 긴장이 됐다. 긴 비행이니 잠이라도 자면 좋으련만, 나는 허리와 다리로 몰려오는 통증 때문에, 딸은 예민한 신경 때문에 잠을 이루지 못한다. 딸이 이어폰을 끼고 영화 삼매경에 빠져 있는 동안 나는 진통제만 한 알 삼키고 하릴없이 눈을 감았다. 통증이 조금 가라앉자 이런저런 생각들이 머리를 비집고 들어왔다.

지난 1년의 악몽은 어디서 비롯된 걸까. 그동안 하루도 맑은 정신인 날이 없었으니, 내가 왜 이렇게 약기운에 취해 졸며 지내고 있는지 자문해볼 겨를이 없었다. 아니, 내가 잘못되었다는 생각이 아예 들지 않았었다. 딸이 어르고 달래고 화를 내고, 다시 차분히 나를 설득시키려 할 때마다 나는 큰소리쳤었다.

"난 마음만 먹으면 얼마든지 약 끊고 조절할 수 있어. 그리고 의사 선생님이 처방해준 약 먹는 거지, 내 멋대로 아무 약이나 먹는 거 아니잖아! 진통제를 20년 넘게 먹었어도 용량 딱딱 지켜서 먹는다고 병원에서 늘 칭찬받았어! 엄마가 잠이 너무 안 와서 그래. 잠은 자야 할 거 아냐."

어느 날, 딸이 너무 힘들어 아빠에게 전화해 하소연했다고 한다. 엄마가 약 때문에 몸이 점점 안 좋아지는데 도무지 말을 듣지 않아 혼자서 너무 힘들다고. 그랬더니 아빠의 대답이 "그러려니 해라."였다고 한다. 그 말을 전해 듣는데 가슴이 무너지듯 서운했다가, 또 한편으로는 그동안 그런 마음 아니면 남편 역시 견딜 수 없었겠구나 싶은 생각이 들었다.

결혼하자마자 당시에는 들어보지도 못한 대퇴부 인공관절 수술을 받고 6개월 이상 병실에 누워 있던 아내, 수술 자리에 부작용이 생겨 매년 한 번씩 재수술도 수차례. 타국에서 고생하는 남편 옆을 제대로 지켜주지도 못하는 아내, 어린 딸을 살뜰히 돌보지도 못하는 엄마로 산 세월을 돌이켜보면, 묵묵히 병원비 대주고 딸과 나의 지붕이 되어준 남편이 고마울 뿐이었다.

하지만 딸의 대입문제로 한국에 들어온 뒤, 중국에 혼자 남게 된 남편과의 사이는 조금씩 멀어지고 있었다. 한국에서 자리를 잡을 수 있도록 집을 구해주고, 이사도 도와주고, 딸의 교육과 내 병원비 등 경제적인 지원은 변함없이 해주었지만, 그가 지쳐 있다는 건 나는 물론 딸도 느끼고 있었다.

10여 년 이상 떠나 있던 한국에 다시 적응하는 것도 왠지 쉽지 않았고, 만날 이웃도 의지할 친구도 없는 생활에 점점 움츠러들기만 했다. 게다가 그때는 몰랐지만, 밤에 잠을 못 자고 감정이 자주 다운되는 현상은 갱년기증후군 때문이기도 했다. 아픈 몸으로도 나름 열심히 산다고 애쓰며 살았는데, 뒤돌아보니 여전히 아픈 몸(게다가 완벽히 장애가 되어버린 몸)에 사랑하던 남편과는 점점 멀어지고 평생 애지중지 키운 딸아이에게 약 때문에 잔소리나 듣는 신세가 되어버렸다는 생각에 의욕을 모두 잃고 말았던 것 같다.

위험한 줄도 모르고 약에 빠져 허우적대던 나를 일으켜 세우고, 세상 밖으로 힘겹게 끌어낸 내 딸. 참으로 힘겨운 싸움이었지만 이런 시간을 마련해준 딸이 대견하고, 20여 년 만에 연락이 닿은 옛날 단짝 친구가 마침 독일에 살고 있어 우리 모녀를 초대해준 일도 꿈같기만 하고 모든 게 참 신기하게 느껴졌다.

비행이 길어지자 허리 아래쪽으로는 감각이 없어지면서 고통이 밀려왔다. 일어나서 좀 걸어 다니기라도 해야 뻣뻣한 관절이 풀릴 텐데 좁은 기내에서 그러기도 어렵고, 간신히 몸을 뒤척이는 힘겨운 시간이지만 그래도 내가 가서 무엇을 보게 될지, 친구가 사는 곳은 어떤 곳일지, 한국을 벗어나 새로운 환경에서는 어떤 기분이 들지를 상상하니 답답함이 좀 가시는 듯했다. 한 달 정도 예상하고 가는데, 우리 집이 아닌 곳에서 그리 오래 머물러본 적이 없기에 남의 집에 그렇게 신세를 진다는 게 걱정도 되었지만 일단 가서 생각하기로 했다. 내 친구가 있는 곳이니까.

더 이상 도망치지 않아

"지금까지 네가 해놓은 게 뭐가 있니?"

긴 비행에 지쳐 좌석을 젖히고 눈을 감자 다시 아빠의 목소리가 귓속을 파고들었다. 지난 2년여 나를 괴롭힌, 그리고 나를 자책하게도 만든 아빠의 한마디. 호주 유학을 마치지 않고 돌아오겠다고 했을 때 아빠는 언제까지 그렇게 도망치며 살 거냐고, 언제까지 주저앉고 포기하며 피하기만 할 거냐고, 그렇게 해서 이제까지 해놓은 게 뭐가 있냐고 나를 꾸짖었다.

나는 중국에서 지낸 8년 동안 여섯 번 전학을 했고, 고2 때 돌아온 한국 학교에도 적응을 못해 자퇴했다. 그리고 새롭게 시작하고자 떠났던 호주 유학도 채 2년을 채우지 못하고 돌아왔다. 결과만 놓고 보면 아빠 말이 모두 맞다. 하지만 매 학기 방학 때마다 엄마의 검사와 수술 때문에 한국을 왔다 갔다 하고, 때론 학기 중에도 엄마 간호 때문에 한국과 중국을 오가야 하는 상황이 반복되다 보니, 심히 내성적이었던 내 성격으로는 외국 학교에 적응하기가 쉽지 않았다.

초등학교 2학년 때 떠났던 한국으로 돌아와 편입한 고등학교에서는 문제가 더 심각했다. 보통의 한국 아이들과는 전혀 교감이 이루어지지 않았고, 입시만을 위해 치열하게 경쟁하는 분위기에 심한 스트레스를 받았다. 외국에서 살다 온 아이라는 꼬리표는 아이들의 질시를 불러와 은근히 따돌림을 받기도 했다. 어차피 한국에서 적응하지 못할 거면 계속 외국에서 공부하는 게 낫지 않겠냐는 내 생각에 엄마 아빠도 호주 유학을 적극 밀어주셨다. 엄마는 늘 아프다는 미안함에, 아빠 역시 엄마가 수술할 때나 힘들 때 곁에 있어주지 못했다는 미안함에 내 뜻을 들어주었던 것이 한두 번에서 여러 번이 되었던 것이다. 아무리 그렇다곤 해도, 결국은 내 약한 의지 때문에 남들은 힘들어도 견디는 그 고비를 늘 넘기지 못했던 것이리라.

사실 호주에서 다시 한국으로 돌아오고 나니 그동안 내가 도망만 다닌 결과가 무엇인지를 누구보다 아프게 깨닫고 있었다. 호주 유학을 접고 돌아온 이유는, 작가가 되고 싶었기 때문이다. 어릴 때부터 갖고 있었겠지만 미처 깨닫지 못했던 내 꿈이 글을 쓰는 일이라는 생각이 들자, 한국에 돌아가 작가 공부를 해야겠다는 결심이 섰던 것이다. 하지만 한국에서의 내 학력은 고등학교 자퇴. 즉, 중졸이었다. 학력 위주의 한국 사회에서 대학 졸업장 없이는 아무것도 할 수 없다는 걸 깨닫자 절망이 밀려왔다.

한국 대학에 진학하려면 검정고시를 봐서 고등학교 졸업 학력을 따야 했다. 한국의 교육 과정을 전혀 거치지 않은 나에게 검정고시의 벽은 너무나 크게 느껴졌지만, 어쩔 수 없이 학원에 다니며 6개월 만에 턱걸이 점수로 겨우 졸업 학력을 땄다. 수능시험을 볼 엄두는 나지 않았기에, 검정고시와 논술로만 갈 수 있는 학교를 알아봤다. 하지만 외국어 영역만 만점이고 다른 과목은 점수가 별로 좋지 않으니 검정고시 성적으로 서류 통과가 될 리 없었다. 많지 않은 선택지 중 지원한 학교 두 곳에서 모두 떨어지고 나니 자신감은 더욱 떨어졌고, 어디에 의지해야 할지 막막하기만 했다.

내가 이렇게 진로 문제로 고군분투하며 힘들어할 때 엄마의 약

Departures

물 문제도 심각해지면서 모든 생활이 엉망이 되었고 나 역시 마음을 굳게 닫아버렸다. 엄마와 내 생활에서 큰 비중을 차지하던 교회에도 나가지 않았고, 가장 친한 친구들조차 다 외국에 있다 보니 정말 아무도 만나지 않는 날들이었다. 한국에 내가 설 자리는 없는 것 같다는 절망감, 나는 쓸모없는 존재라는 생각에 빠져 자신감은 물론 자존감도 완전히 상실한 상태였다.

언제나 나를 응원해주고 위로해주던 엄마는 약에 취해 정신을 차릴 기미를 보이지 않았고, 아빠는 힘든 상황을 직접 눈으로 보지 못하니 우리가 겪고 있는 지옥에 대해 자세히 알 리 없었다. 이 상황을 감당하고 이겨낼 자신이 없어 다시 또 어딘가로 가버리고 싶은 나약한 생각이 꿈틀거렸지만, "언제까지 주저하고 포기하기만 할 거냐."던 아빠의 말씀을 되새김질하며 마음을 굳게 먹기로 했다. 그리고 또 하나, 엄마가 나락으로 떨어져 있는데 나 혼자 그 현실에서 달아날 수는 없었다.

내가 정신 바짝 차려야 엄마를 살릴 수 있다는 책임감이 바닥에 쓰러져 있던 나를 일으켜 세웠다. 그리고 다시 한국으로 돌아온 처음의 목적에 집중하자는 다짐도 했다. 나는 방송아카데미 작가반에 등록을 하고 글쓰기를 배우기 시작했다. 그리고 독하게 엄마를 다그쳐 약과의 전쟁도 시작했던 것이다.

길지도 않은 지난 2년여를 되돌아보니, 엄마가 내게 준 것이 꼭 시련만은 아니었다는 생각이 든다. 물론 다시는 겪고 싶지 않을 만큼 고통스러운 날들이었지만, 엄마가 약물에 빠져 있지 않았다면 나는 또 나약하게 처음의 결심을 무너뜨리고 다른 곳으로 가버렸을지도 모른다. 그리고 처음엔 섭섭하고 가슴 아팠던 아빠의 그 꾸지람도 멀리서 나를 든든하게 지켜주는 등불 같은 가르침이었다는 걸 알겠다.

지구 반대편, 내 친구의 집

11시간 50분의 지루한 비행 끝에 프랑크푸르트에 도착하니 친구와 친구의 남편(미국에서 공부하고 독일로 건너와 목회 활동 중인 목사님이시다)이 우리를 기다리고 있었다. 한밤중에 두 시간이 넘는 길을 달려 마중 나와준 친구가 반갑고 고마워 얼싸안고는 쉴 새 없이 수다를 쏟아내기 시작했다.

친구 말에 따르면, 유럽은 20년 만에 때아닌 폭설로 많은 눈이 내렸다고 한다. 런던 히드로 공항은 폐쇄되었고, 프랑크푸르트도 어제까지는 폭설로 비행기가 연착되거나 결항되기도 했다는데, 우리가 오는 날 마침 눈이 녹아서 결항을 피할 수 있었다는 얘기였다. 어둠 속에서도 반짝반짝 빛을 내는 은빛 세상을 보니 딸과의 여행을 축복하는 것 같아 마음이 설레고 기분이 한껏 들뜨는 게 느껴졌다.

드디어 친구 집에 도착해 손님방에 짐을 풀었다. 손님방이라 사람의 온기가 없어서인지 영하의 차가운 냉기가 그대로 스며든 방은 추웠다. 친구 부부는 집 안에서도 패딩 점퍼를 입고 있었는데, 온돌 난방으로 실내가 골고루 따뜻한 한국과 달리 여기는 난방기 부근을 제외하면 나머지 공간은 온기가 거의 없다며 입을 수 있는 옷은 모두 껴입어야 한다고 말해주었다. 집에 들어오면 두꺼운 옷부터 벗고 가벼운 차림으로 갈아입던 한국의 습관대로라면 딱 얼어 죽기 알맞을 만큼 실내는 추웠다. 우리는 캐리어를 뒤져 반팔에 긴팔 티셔츠를 껴입고 양말에 카디건까지 죄다 걸쳤다. 그리고 한 침대에 누워 딸과 꼭 끌어안았다.

그렇게 독일에서의 첫날이 지나가고 있었다.

한 걸음, 다시 또 한 걸음

아침에 일어나 창밖을 봤다. 눈 쌓인 바깥 풍경이 참 예뻤다. 풍경이 예쁘게 느껴지는 걸 보니, 떠나오는 그 순간부터 마음의 반 이상이 비워졌나 보다. 마음이 가벼워지니 보이는 것들이 내 기분에 가려지지 않은 채 있는 그대로 보였다.

독일에서 맞이한 첫 아침의 예쁜 풍경을 사진으로 남기고, 뭐 도와드릴 것 없나 부엌으로 갔다. 마침 이모가 아침으로 먹을 빵이 떨어졌다며 빵을 사러 나가신다고 했다. 엄마와 난 장도 보고 산책도 할 겸 이모와 함께 나서기로 했다.

목도리로 목을 꽁꽁 싸매고 귀마개에 레깅스도 두 개나 껴입은 뒤 어그부츠를 신는 것으로 쾰른의 차디찬 겨울을 맞이할 세팅을 끝냈다. 아직 눈이 녹지 않아 길이 미끄럽진 않을까 엄마가 걱정됐지만 오랜만에 딸이 아닌 친구의 팔짱을 낀 엄마의 표정이 그 어느 때보다 밝아 보여 말리지 않았다.

내가 일곱 살 되던 해 여름, 엄마는 비 오는 날 아파트 복도에서 미끄러져 대퇴부 뼈가 산산조각이 나는 부상을 입었다. 보통 사람 같으면 타박상 정도로 그쳤겠지만 엄마는 선천적으로 뼈가 약한데다 결혼 전 왼쪽 고관절에 인공관절을 박아 넣었는데, 넘어질 때의 충격으로 인공관절이 튕겨나가면서 대퇴부 뼈가 여러 조각으로 부러진 것이다.

엄마는 부러진 뼈를 붙이기 위해 왼쪽 다리에 철심을 박고 추를 매달아 고정시킨 채 꼼짝없이 6개월 동안 병원에 누워 있었다. 추를 매달기 위해 종아리 부분에 철심을 박는 동안 나는 병원 복도에서 엄마가 내지르는 끔찍한 비명소리를 들어야 했다. 일곱 살 어린 나에겐 너무 큰 공포였다. 게다가 평생 두 발로 걸을 수 없을지도 모른다더라, 하는 얘기까지 듣고 나니 엄마가 정말로 걷지 못하게 되면 어떡하나 무서웠다.

하지만 그렇게 무서워 떨면서도 나는 울지 않았다. 엄마가 너무 아파하며 우는 모습을 보자, 나까지 울어선 안 된다는 생각이 들었다. 그리고 엄마가 내 곁에 있어주기만 하면 더 이상 다른 건 바라지 않겠다고 다짐했다.

그때부터 엄마와 난 비가 오거나 눈이 오는 날 밖에 나가는 걸 좋아하지 않는다. 엄마는 나보다 더한 트라우마가 생겨 혼자 나서기를 더더욱 힘겨워했다. 그러니 지금 한쪽 목발을 의지해 조심스러워도 한 걸음 한 걸음 내딛는 엄마의 모습은 기적이 아닐 수 없다.

하지만 더 고마운 것은 엄마가 그토록 두려워하던 세상의 문을 스스로 열고 나왔다는 사실이다. 처음 문을 여는 것보다 닫았던 문을 다시 여는 게 훨씬 더 어렵고, 열기까지 수천 번 수만 번 망설이게 되는 법이니까. 또 결심이 섰다고 해서 바로 되지도 않으니까. 문 중에서도 가장 두껍고 단단한 문이 바로 마음의 문이기에. 다시 그 문을 열겠다고 다짐해준 엄마가, 그리고 그 문을 정말 열어준 엄마가 내겐 기적이 아닐 수 없다.

엄마를 이모 손에 맡기고, 조용하고 한적한 골목들을 여기저기 돌아다녔다. 낮은 아파트들과 주택들, 푸르른 하늘 아래 눈 쌓인

지붕들이 이루는 풍경이 예뻐 기분이 한껏 좋아졌다. 눈이 닿는 곳마다 펼쳐진 풍경이 빼곡하게 들어선 고층 건물들이 아니라, 숨이 턱 막힐 만큼 사람들로 북적대는 게 아니라, 수많은 간판들과 즐비한 상점들이 아니라 아무것에도 가려지지 않은 넓은 하늘이라서, 서로를 위한 배려가 느껴지는 여유로운 간격의 골목들이라서 오랜만에 참 좋았다.

뒤를 돌아보니 이모의 팔짱을 낀 채 웃으며, 이야기하며 걸어오는 엄마가 보였다. 그 자리에 서서 엄마를 바라보니, 겨울의 차가운 공기마저도 들이쉴 때마다 따뜻하게 느껴졌다. 때론 평범한 게 가장 어렵고 힘들다는 말, 그 말을 지금 난 절감한다. 그래서 어렵게 되찾은 이 평범한 순간이 너무나 감사하다.

이모가 매일 들른다는 빵 가게에 들러 빵도 사고 커피도 마셨다. 꽤 많이 걸었는데도 엄마는 그리 힘들어 보이지 않았다. 장을 보고 집으로 돌아와 간단히 빵과 함께 디저트를 먹었다. 그렇게 하루를 보냈다.

유럽에서의 첫날이 내게 준 기분 좋은 선물은 바로 이런 평범한 일상이었다. 남들은 유럽 여행씩이나 가서 계획도 없이 뭐 하고 있느냐, 최대한 여기저기 돌아다녀야지 뭐 하는 거냐고 할 수도 있지만 엄마와 내게 간절했던 건 유럽의 예쁜 풍경보다는 누구나 누리는 이런 평범한 일상이었다.

떠나서야 가능했다기보다 떠나서야 비로소 알게 됐다. 오히려 낯설고 힘든 곳에서도 했던 걸 돌아가서는 왜 못 하냐는, 인정할 수밖에 없는 것들을 말이다. 이곳에서도 할 수 있다면 돌아가서도 할 수 있다는 사실 말이다.

약을 끊다

딸아이가 내 약을 먹고 응급실에 실려갔던 충격적 사건 이후 나는 약을 끊기로 결심했다. 진통제야 어쩔 수 없이 먹어야 하지만 그 외 신경안정제며 항우울증, 수면제는 먹지 않겠다 다짐하고 갖고 있던 약을 모두 딸에게 주었다. 어떻게든 견뎌보리라 굳은 다짐을 한 것이다.

금단 현상은 생각보다 빨리 찾아왔다. 하루가 지나기도 전에 진땀이 나고, 몸이 떨리기 시작했다. 물을 계속 먹어보지만 쓰다. 머리가 아프면서 멍해진다. 일어나면 어지럽고 양치하면 구역질이 난다. 난 금방이라도 쓰러질 것 같은데, 보는 사람은 내가 느끼는 것만큼 힘들어 보이지 않는 듯했다.

1분 지나는 것이 지구 한 바퀴 도는 것만큼 지루하다. 눈을 감으면 이상한 것들이 아른거리며 반짝거려 더 어지럽다. 신경을 다른 데로 돌리면 좀 나으려나 싶어 텔레비전을 켠다. 참고 참다 몇 시간 지났나 시계를 보면 10분 지나 있다.

치사하지만 한 알만 달래볼까 몇백 번을 고민하고 또 고민한다. 마음대로 먹던 약을 시간 맞춰 진통제만, 그 진통제도 용량을 줄여보자 해서 적게 먹고, 시간 맞춰 딸이 주는 대로 먹으니 이건 무슨 배급도 아니고. 난 지금 하루 24시간이 아픈데, 한시도 잘 수가 없는데 어떡하나.

하루가 미친 듯이 지루하지만 그래도 시간은 흘러갔다. 하루만 지나면 나아지겠지 싶었지만, 그 다음 날이 되자 오히려 더 심해지는 것 같았다. 몸은 왜 그동안 들어오던 것들이 안 들어오나 싶어 아우성이다. 내 몸의 구석구석, 세포 하나하나가 모두 발악하는 듯했다. 한 알 주는 진통제가 처음에는 간에 기별도 안 가고 몸에서는 안 들어오는 것도 아니고 들어오는 것도 아닌 듯 몸이 더 뒤틀렸다.

누워서 눈을 뜨고 천장을 보면 내가 먹던 약들이 순서대로 보인다. 미쳐가나 보다. 그리고 너무 창피해졌다. 약 아니면 난 아무것도 할 수 없는 폐인이구나, 폐인이 되었구나. 그렇게 마음이 다운되면 '그래, 지금 난 벌 받는 중이다, 이 정도면 경량급이다.'라고 생각한다.

'더 이상 아무런 생각도 하지 말자, 하려고 하지 말자. 이러다가 진짜 못 견디면 할 말이라도 있지.'

별별 상상을 다 하며 오직 약을 안 먹고 있는 지금, 예전처럼 부드러워진 딸아이의 목소리에만 의지한다.

약을 먹지 않는 내 모습에 숨기지 못하고 좋아하는 모습이 티가 나는 딸. 잘 참고 있어! 딸의 얼굴이 밝아지는 게 눈에 보였다. 나를 부르는 목소리에 사랑이, 희망이 담겨 있다. 진부한 표현도 진심을 담아 해본다. 정말 좋구나. 사람의 마음은 다 비슷하니까.

딸의 얼굴을 보고, 목소리를 들으며 조금 더 힘을 내본다.

끔찍했던 3일이 지나고 진통제를 먹으니 아팠던 것이 조금 편해지는 게 느껴진다. 이제 조금씩 몸이 적응하기 시작하는구나. 조금 편해지기 시작하는구나. 숨통이 트이고, 창문에 햇살이 비집고 들어오는 것이 보인다. 이제 눈에 들어오는구나. 발견했다는 느낌이 너무 좋다. 이런 게 금단증상이구나. 인정하기 싫지만.

지금부터 일주일만 더 잘 견뎌보자. 그렇게 속으로 카운트다운을 시작했다. 그나마 텔레비전을 보며 신경을 다른 쪽으로 쏟으려 애쓰니 좀 낫다. 재밌는 것들이 눈에 들어오기라도 하면 시간도 한결 빨리 흘러간다.

외출한 딸이 뭐 먹고 싶으냐고 전화로 물어본다. 내가 약에 의존하기 전엔 우리 모녀가 자주 나누던 멘트였다. 어디 나가면 들어올 때 먹고 싶은 거 없냐고 전화해서 물어보곤 꼭 사다주던 딸. 이제 다시 나에게 물어보는구나. 반갑다. 수화기 너머 기분 좋게 상기된 딸의 목소리가 느껴진다.

한 달이 지나면서 머릿속도 정신도 점점 더 맑아졌고 어지러운 것도 덜해졌다. 약을 먹고 잠들면 깰 때 늘 찾아오던 그 이상한 기분도 없어졌고, 단 몇 시간을 자도 개운했다. 일찍 깨는 날이면 될 수 있는 한 낮에 자려 하지 않고 힘들어도 꾹 참았다가 저녁에 잠들려고 노력했다. 그러다 힘들면 또 그냥 자기도 했다. 못 자면 어떡하나, 약 먹고서도 왜 잠이 안 오나, 얼마를 더 먹어야 잠이 오려나 전전긍긍하거나 쓸데없이 약 걱정 잠 걱정하는 일이 없어지니 마음이 많이 편해지는 것 같았다.

먹는 것도 많이 나아져서 많은 양은 아니어도 스스로 조금씩 찾아 먹기 시작했다. 제일 큰 변화는 서서히 나의 상태를 보면서 컨디션 좋을 때는 방 정리도 하고 설거지도 하는 등 스스로 움직이기 시작했다는 것이다. 하나씩 하다 보니 점점 몸도 적응을 해가고, 그러다 피곤하면 자연스럽게 잠이 와 좋았다. 특별히 운동을 할 처지도 아니니, 이렇게라도 움직여서 딸이 할 일을 줄여주고 싶었다.

약 먹었을 때도 한 번씩 정신 나면 정리를 하곤 했지만 그때와 달라진 것은 딸이 알아주지 않는다고 화를 내거나 닦달하지 않는 것이다. 정신 났을 때 겨우 한 번 한 것 갖고 딸한테 알아주지 않는다고, 늘 했던 것처럼 생색을 내곤 했다. 하지만 지금은 알아주지 않아도 원래 내가 할 수도 있었던 것을 하지 않았다는 생각에 알아주면 고맙고, 몰라도 내가 내 집 치우는 일인데 그러면 또 어떻고 하는 생각으로 바뀌었다.

한참 후 병원에 진통제를 타러 갔다. 신경계통 약을 정말 끊었냐며 놀라는 주치의에게 자랑도 하고, 딸이 대단하다는 칭찬에 또 기쁘고. 진통제만 처방받으니 약 봉지가 홀쭉하다.

우리 모녀가 원수도 그런 원수가 없던 지난 1년의 일들이 스쳐 지나가면서, '엄마가 병원에 혼자 가서 약 타오면 소원이 없겠다.' 던 딸의 말도 떠올랐다. 남들 보기엔 별것 아닌 그 소원을 이제야 이루었구나 생각하니 참, 여러 가지 감정이 들었다. 우리 둘에게는 그때 참 이루기 힘든 소원이었으니까.

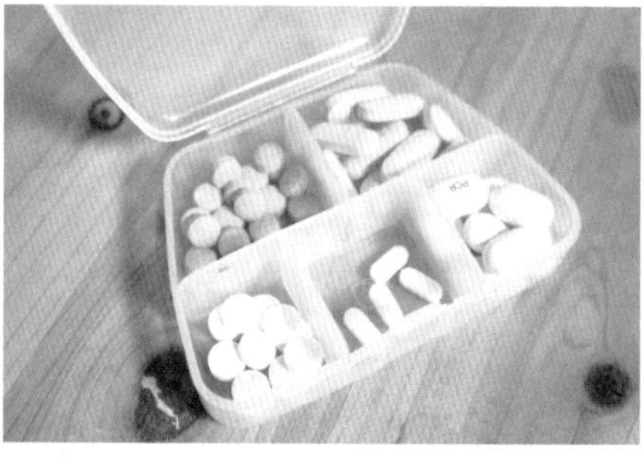

엄마는 그런 존재니까

또다시 수면양말에 수면바지, 내복까지 모두 껴입고 엄마와 한 침대에 누웠다. 크고 나선 엄마랑 같이 자본 적이 별로 없는 내가, 어느새 엄마보다 더 커버린 내가 춥다며 자꾸 엄마 품으로 파고들었다. 오랜만에 어린아이가 된 기분이었다.

어릴 때 나는 엄마와 함께하고 싶은 것이 참 많았다. 그 여러 소망 중 한 가지는 엄마랑 자전거를 타는 거였다. 제법 빨리 두발자전거를 익혔던 나는 자전거 타는 것을 좋아했고, 엄마가 아파서 더 그랬는지 엄마와 함께 자전거를 꼭 한 번 타고 싶었던 기억이 난다. 엄마가 태워주는 자전거 뒷자리에 앉아 신나게 달리는 그런 상

상. 엄마가 다리를 다치기 전에는 엄마는 다리가 약하니까 그저 희망사항이었고, 엄마가 다리를 다친 후에는 정말 소망으로 남아버렸다.

그렇게 내 안에 소망으로만 남겨진 것들이 있다. 엄마랑 스케이트 타기, 놀이동산 가기, 비 오는 날 우산 쓴 엄마가 마중 나오기 뭐 그런 것들. 그런데 참 다행스럽고 감사하게도 엄마와 그런 것을 못했다고 해서 엄마를 원망한 적은 단 한 번도 없다. 소망으로 남겨져도 그것이 속상할 만큼 아쉽지 않았다. 잦은 수술과 입원 때문에 엄마와 떨어져 지낸 날들이 많았기 때문에, 그저 엄마가 곁에 있다는 것만으로도 난 감사했다.

엄마는 종종 내게 아픈 엄마가 창피하지 않냐고 물었었다. 내 대답은 늘 똑같았다. 단 한 번도 그런 생각은 해본 적이 없다고. 오히려 아픈 몸으로 가끔 학교 발표회 때 와주면 다른 엄마들보다 더 대단하게 느껴졌고, 그런 엄마에게 더 고마웠다.

토닥토닥.

등을 두드리는 엄마의 손길에 다시 어린 시절로 돌아간 듯한 기분이다.

'잘 자라 우리 딸.'

토닥토닥.

'그동안 엄마 때문에 많이 힘들었지?'

토닥토닥.

'다 안다.'

토닥토닥.

서로 털어놓고 말하지는 못해도 엄마의 토닥임 하나만으로 마음이 푸근히 채워진다. 엄마란 그런 존재니까. 굳이 말하지 않아도 다 아는, 내 표정 눈빛 하나 놓치지 않는, 온전히 나를 다 알고 안아주는 사람이 엄마니까.

어떻게 너한테서 이런 딸이 나왔니?

"은희야, 얘! 지난번 한국에서 처음 봤을 때도 그랬지만 볼수록 네 딸 정말 대견하다. 어떻게 너한테서 저렇게 착하고 예쁜 딸이 나왔니? 호호호!"

한국에서도 많이 듣던 말을 독일 친구에게서 또 듣는다. 딸을 칭찬하는 말이니 기분이 좋으면서, 한편으로는 가슴이 시큰거린다. 철도 들기 전부터 엄마의 보호자 노릇을 하느라, 어린애다운 투정 한번 제대로 부려보지 못하고 마음이 먼저 자라버린 내 딸. 그 아이가 스무 살을 훌쩍 넘긴 성인이 되어 엄마를 유럽으로 데려와주었다. 여느 딸과 엄마들처럼 여행이나 관광을 목적으로 한 것이 아니라, 마음에 병이 든 엄마를 치유하기 위한 것이니 생각할수록 대견하면서도 미안한 마음이다.

딸은 초등학생 때부터 내가 수술을 받을 때마다 병원에서 먹고 자며 엄마의 보호자 노릇을 했다. 청바지도 제 손으로 직접 빨아 입어야 하는 상황이었지만 투정이나 짜증 한번 낸 적이 없는 아이였다. 병실을 같이 쓰던 어른들이 어쩌면 어린애가 저리 의젓하냐고 의아해할 정도로 어린 나이에 비해 너무 많은 것을 해왔다.

딸이 일곱 살이던 해에 나는 대퇴부 뼈가 으스러지는 부상을 입고 6개월이나 입원 치료를 받았고, 그때부터 딸아이의 병원 생활도 시작되었다. 이듬해에 남편의 해외 발령을 따라 가족이 모두 중국으로 이사한 것도 큰 환경 변화였는데, 바로 그 다음 해부터 대퇴부 수술 부위에 염증이 재발하는 바람에 매해 여름에 한국으로 와서 수술을 받아야 했다.

딸아이 열 살 때부터 열네 살 때까지 매해 아이 방학에 맞춰 한국에서 수술을 받고 입원 생활을 반복하느라, 온 가족이 고생을 했다. 아이 학교 때문에 방학을 이용해 수술을 했지만, 개학 이후까지 입원 기간이 늘어지는 경우도 많아서 아이 혼자 중국으로 돌려

보내고, 직장 다니는 아빠 대신 공과금 수납이며 자잘한 집안일까지 아이에게 맡겨야 했으니, 그 어린 나이에 얼마나 마음에 부담이 되고 책임감도 컸을까.

초중고 시절, 딸은 학교생활 외 대부분의 시간을 엄마 옆을 지키는 데에 쏟았다. 그것도 미안하고 고맙지만 정말 고마운 것 중 하나는 아픈 엄마를 원망하거나 짜증 낸 적이 단 한 번도 없었다는 점이다. 오히려 학교생활이나 친구들에 대한 이야기, 그때그때의 관심사에 대해 먼저 이야기해주면서 엄마를 가장 가까운 친구로 대해주었다.

이런 대화가 습관이 되어서인지 딸은 오히려 건강한 다른 엄마들보다 더 든든하고 자기 마음을 잘 알아준다며, 아픈 엄마의 맘을 헤아려주었다. 그리고 초등학교 시절이라면 몰라도 사춘기 때는 엄마가 학교에 오는 게 싫고 창피할 법도 한데, 딸은 학교에 일이 있을 때면 꼭 나에게 와달라고 당부하기를 잊지 않았다.

목발을 짚고 다니는 엄마, 수술 후 치료받을 때 생긴 스테로이드 부작용으로 말초신경이 손상되어 손발이 퉁퉁 붓고 피부색까지 검게 변해 나는 스스로도 어디 가서 손을 내보이기가 부끄러운데, 딸은 그런 내 모습에 대해 나보다 더 당당했다. 엄마가 아픈 자식을 감싸 안아주듯, 딸이 나에게 그렇게 해준 셈이다. 어찌 보면, 그럴 수밖에 없는 환경 때문에 제 나이에 누려야 할 것들을 포기하고 너무 일찍 어른스러워져버린 딸과 내가 입장이 바뀌어 살았던 것인지도 모른다.

가만 되짚어보면, 그렇게 자라온 딸이니 마음에 억눌러두었던 것들이 어찌 없었을까 싶다. 어쩌면 지난 1년간 딸과 나의 대립 이면에는 딸이 미처 내게 내보이지 못한 아픔이 있었던 것 아닐까.

'엄마, 나도 힘들어.'라는 말은 여러 번 했지만, 나는 지난 1년 내 문제에만 빠져 사느라 그걸 좀더 헤아려주지 못했다. 저도 중국 생활 마치고 한국에서 진로 때문에 고민이 이만저만 아니었을 텐데… 참, 철없는 엄마의 뒤늦은 자책이 밀려오는 밤이다.

이 시간이 영원하기를 바라다

쾰른은 쉬지 않고 눈이 내렸다. 아무 일정 없이 온 여행이긴 하지만, 쉴 새 없이 눈이 쏟아지는 통에 엄마는 바깥 산책조차 자유롭게 할 수 없는 상황이 되고 말았다. 하지만 엄마도 나도 조급한 마음은 전혀 없이 그저 느긋하게 이 시간을 즐기고 있다는 게 신기했다.

살면서 지금 이 순간이 지나지 않았으면 좋겠다고 생각한 적보다, 이 순간이 빨리 지나갔으면 좋겠다고 생각한 적이 더 많았다. 그만큼 힘들었었다.

엄마는 수술을 너무 많이 받아서 일반 정맥이 잘 잡히지 않았다. 그래서 늘 수술 전에 서브클라비언(subclavian artery : 쇄골하 동맥) 시술을 해야 했다. 쇄골 밑의 정맥에 도관을 삽입해 혈관을 잡는 시술인데, 30분 정도 걸리는 그 시간이 6시간 이상 걸리는 대수술보다 길고 무섭게 느껴졌다.

아무도 없는 복도에 우두커니 홀로 앉아 문밖으로 새어나오는 엄마의 신음소리를 들을 때마다 두려워서 두 손이 덜덜 떨렸다. 적막이 흐르는 복도에 앉아 시술이 끝나기를 기다리고 있으면 마치 지구 밖으로 튕겨져 깜깜한 우주에 홀로 남겨진 것 같은 막막함과 두려움이 엄습했다. 엄마가 수술을 할 때마다, 서브클라비언 시술을 할 때마다, 수술 후 염증 부위를 매일 소독하고 드레싱 하는 엄마를 볼 때마다, 제발 이 시간이 어서 빨리 지나가주기를 간절히 바라고 또 바랐다.

5년이 걸리든 10년이 걸리든, 차라리 언제 끝난다는 기약이라도 있으면 견디기가 쉬울 것 같았다. (물론 그 기약 없는 기대와 실망의 시간이 엄마만큼 힘들기야 했을까마는) 이번에 수술을 하면 염증이 완전히 잡히려나? 뼈에 고름이 고이는 염증이 매번 재발해 수술을 하고 또 하는 그 고통스런 과정을 겪을 때마다, 늘 속으로 기원했다. 이 시간들이 어서 빨리 지나가기를.

오랜 중국 생활을 끝내고 한국으로 돌아왔을 때도 사실은 하루하루가 힘겨웠다. 나는 편입한 고등학교에 심각할 정도로 적응을 하지 못했다. 극도의 스트레스가 심한 허리 통증을 불러와 제대로 걸을 수 없었고, 위염과 장염 때문에 거의 먹지 못할 만큼 상태가 나빠서 병원에 입원하고 퇴원하기를 반복했다. 그렇게 힘겨운 한국 생활을 뒤로하고 어학연수를 위해 호주로 떠났다가 다시 한국으로 돌아왔을 때, 이번엔 잘 적응해보자는 마음가짐으로 열심히 살았지만 엄마의 우울증이 시작되면서 예전보다 더 괴로운 나날이 이어졌다.

극도의 스트레스를 받으면 몸부터 망가지는 나는 불면증과 거식증에 시달렸다. 엄마에게 애원하다, 매달리다, 화내다, 싸우다 온몸의 기운이 빠져나가면 허탈감과 괴로움에 아무것도 먹지 못한 채 헛구역질을 해댔고, 툭하면 위경련이 일어나 며칠 동안 누워 지내는 날의 연속이었다. 마음속 이야기를 털어놓을 친한 친구들도 한국에 없는 상황이다 보니 혼자 끙끙 앓다가 지치면 다시 혼자 일어서는 것으로 추슬러야 했다.

그렇게 힘들 때는 하루가 1년인 듯 길게 느껴졌는데, 요 며칠 시간이 너무 빨리 흘러 깜짝깜짝 놀란다. 따뜻하고 평화롭고 폭신폭신한 느낌마저 주는 행복한 시간, 욕심이지만 이 시간이 너무 빨리 흐르지 않았으면….

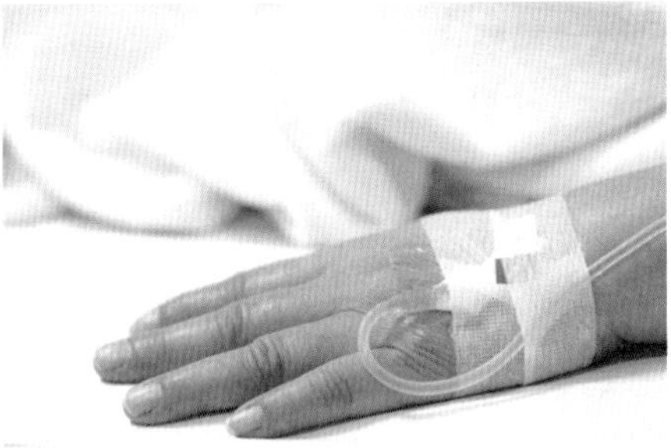

친구와 나의 삶

쾰른으로 우리 모녀를 초대한 친구는 대학시절 4년 내내 붙어 다니던 단짝이었다. 내가 가장 활기차고 희망 가득했던 시절, 하루하루가 숨 가쁘도록 바쁘고 재미있던 20대를 같이 보낸 이 단짝 친구와 15년 만에 연락이 닿은 것은 지난여름 무렵이었다. 모르는 번호로 걸려온 전화를 받아보니 그 친구의 목소리였다. 오랜만이었지만 여전한 그 목소리. "은희 맞니? 맞지?"라고 몇 번이나 확인하면서 나에게 전화하기 위해 여러 군데 수소문했다는 말을 한다. 힘들게 연락처를 찾아 연락했다며.

반가웠다. 대학 졸업 후 친구가 결혼해 미국으로 가면서 만나지 못하게 되었고, 몇 년 지나 미국 연락처가 바뀐 뒤부터는 아예 소식이 끊기고 말았다. 나 역시 남편 따라 중국으로 가면서 서로 연락이 닿지 않았는데, 마침 이 친구가 거처를 독일로 옮기고 한국에 나왔다가 어찌어찌 수소문을 해서 나를 찾은 것이다.

친구는 여전한 목소리로 내 건강은 어떤지, 언제 만날 수 있는지를 물었다. 한국에서 두문불출하며 지낸 나를 두고 여러 소문들만 무성했다며 자기가 꼭 찾아 확인하고 싶었다는 말과 함께 집으로 찾아오겠다고 했다.

이틀 후 나름 집에서 단장하고 기다리고 있었더니 헤매지 않고 잘 찾아와준 친구. 아주 건강하고 힘이 넘치는 목소리. 궁금한 것도 많아 앉자마자 그간 있었던 일들, 외국서 살던 이야기들을 풀어내기 바빴다. 미국에서 아이들과 살며 신학을 공부한 남편은 목사님이 되었다며, 지금은 독일에서 목회를 한 지 4년이 넘었다고 했다. 나도 남편 직장 때문에 중국에서 오래 살다가 한국에 온 지 얼마 안 된 내 근황을 들려주었다.

"얘, 너 이렇게 말도 재밌게 잘하고 여전히 웃기도 잘하는데 평소에 기운 없어서 거의 누워 지낸다는 게 안 믿긴다. 다리 때문에 목발 짚는 것 말고 어디가 더 많이 아픈 거야?"

친구는 내 모습이 대학 때나 지금이나 여전한데, 왜 집에만 박혀서 나가지도 않고 친구들도 안 만나느냐고 걱정을 했다. 하지만 친구에게 꼬집어 뭐라 설명할 수가 없었다. 다만, 오랜만에 맘에 맞는 옛 친구를 만나 옛날로 돌아간 듯 한바탕 웃고 떠들고 나니, 죽어 있던 심장이 살아난 듯 가벼운 흥분이 일어 친구가 돌아간 뒤에도 진정이 안 될 정도였다. 그날은 늦게까지 마음이 설레고 기분이 좋았다. 딸 역시 내 얼굴이 좋아 보인다고 했다. 몇 년 만에 보는 활기찬 모습이니, 친구와의 만남이 내게 특별한 힘이 되는 것이 신기해 보였나 보다.

그날 친구는 자신이 독일에 있을 때 유럽에 오게 되면 들르라는 말을 했다. 그때는 유럽은 멀리 있는 곳, 쉽게 갈 수 있는 곳이 아니라고 생각했기에 그저 알았다고 건성으로 대답했다.

약을 끊게 하려는 딸과 저항하는 나의 줄다리기가 한참 이어져 서로 힘들어하던 어느 날, 딸이 그렇게 물었다.

"엄마, 우리 겨울에 엄마 친구 계시는 독일로 여행 갈까?"

그리고 꿈처럼 멀게만 느껴지던 유럽 여행의 베이스캠프 격인 쾰른의 친구 집으로 날아온 것이다.

가장 보통의 순간, 그 소중함

엄마와 나의 컨디션을 고려할 때 빡빡한 일정을 짤 필요는 없지만, 그래도 이제 슬슬 계획을 세워야 할 것 같아 유럽 가이드북을 펼쳐 들었다. 그런데 2초에 한 번꼴로 거실에서 들려오는 엄마의 웃음소리가 집중력을 흩뜨린다. 한국에서는 한 번도 들을 수 없었던 엄마의 호탕한 웃음소리. 엄마가 저렇게 즐거워하고 있다는 게 다행스러우면서도 배신감 비슷한 감정도 들었다. 엄마가 저렇게 웃기를, 즐거워하기를 얼마나 바랐는데. 내가 얼마나 노력했는데.

그러다 생각해보니 엄마는 지금 사는 동안 가장 재밌고 즐거웠던 시절, 대학시절로 돌아가 있는 거였다. 지금 내 나이 때의 엄마로 돌아가, 가장 친했던 친구와 함께 가장 행복했던 시간을 이야기하고 있는 거였다. 그건 내가 해줄 수 없는 일이었다. 아무런 재미없이 반복되는 일상에 시들어버린 엄마에게 어떻게든 거기에서 벗어나보라고 말하는 게 내 노력이었으니.

지금 이 상황이 되어 생각해보니 스스로 생각해도 너무 어이없고 무책임한 노력이었다. 대학시절까지는 아니어도 엄마의 행복했던 기억들을 꺼내보려는 노력을 왜 안 했을까. 왜 몰랐을까. 왜 생각하지 못했을까. 잠깐의 배신감은 이내 미안함과 무안함이 되어 아무도 없는 방에서 혼자 민망해졌다.

웃음꽃이 만발한 거실로 나갔다. 엄마와 이모는 그때 기억나느냐로 시작되는 말들을 끊임없이 이어갔다. 내가 몰랐던 엄마의 스무 살 대학시절 이야기들, 가장 아름답고 찬란했던 엄마의 청춘 이야기들은 색다르고 신선했다.

엄마가 대학시절 이야기를 잠깐씩 해준 적은 있지만 엄마의 친구를 통해 듣는 이야기는 또 다른 느낌이었다. 엄마는 하루도 똑같은 옷을 입은 적이 없을 만큼 옷을 좋아하고 또 잘 입었단다. 후배들에게 밥을 잘 사주는 선배였으며 남자들에게 인기가 많았다고 한다.

"제가 볼 수 없다고 너무 좋은 얘기만 해주시는 거 아니에요?" 라며 농담을 했지만 엄마의 스무 살 시절을 상상하니 나도 기분이 좋아졌다.

한참을 시간 가는 줄 모르고 이야기하다 수다도 좀 쉬어가며 하자며 이모는 이모 방으로, 엄마와 나도 방으로 돌아왔다. 그리고 모녀의 2차 수다가 이어졌다. 이렇게 편하게 엄마랑 이야기를 해 본 것이 얼마 만인지.

1년 넘게 긴 싸움을 하면서 처음엔 엄마를 이해했다. 그러다 점점 엄마를 이해하려 노력해야 했고, 그게 힘에 부쳐 결국 난 이해할 수 없다며 엄마를 몰아세웠다. 딸이 엄마에게 할 수 있는 모든 독한 말로 엄마를 아프게 하고, 나중엔 처절하게 울부짖기도 했다. 얼마나 독하게 굴었는지 엄마에게 한바탕 아픈 말들을 쏟아내고 나면 온몸이 부서지듯 아팠다.

하지만 난 엄마가 차라리 내 말에 반응하고 화를 내주기를 바랐다. 믿었던 딸한테 뒤통수 맞았다고, 저게 딸이냐, 딸이 할 소리냐 하며 화를 내주길 바랐었다. 사람이 화가 나면 정신이 번쩍 나듯 엄마도 약에서 번쩍 깨지 않을까 싶었다. 내가 말해도 못 알아듣는 게 아니라, 말을 하든 말든 꾸벅꾸벅 약에 취해 조는 게 아니라, 제발 그렇게라도 엄마가 내게 반응해주길 바랐다.

지금 생각해보면 그런 식으로 한다고 되는 게 아니었는데 말이다. 그때는 그런 엄마의 모습이 보기 싫어 마주 앉지도, 말을 하지도 않았다. 나 역시 그 시간 동안 철저히 혼자가 되느라 지독히도 외로웠다. 사실 난 특별한 이야기를 하지 않아도 엄마와 이렇게 마주 앉아 있고 싶었던 건데. 몸은 가까이 있었지만 마음은 너무나 멀어졌었던 시간들. 그래서 이렇게 엄마와 마주 앉아 있는 지금이, 마음의 거리가 다시금 가까워진 지금이 너무 좋다.

소녀처럼 터지는 웃음

친구 남편이 목사님이다 보니 처음 하루 이틀은 좀 어색하고 어렵기도 했지만, 워낙 편하게 잘 대해주셔서 화장 안 한 민낯으로 같이 식사도 할 만큼 긴장이 풀리고 편해졌다. 그런데 문제는 엉뚱한 데서 터졌다. 바로, 친구와 내가 눈만 마주쳐도 너무 심하게 웃는다는 것. 아무 말 안 했는데도 너무 웃겨서 깔깔거리면 친구 남편은 민망하고 멋쩍은지 슬그머니 방에 들어갔다 나오기도 했다. 실성한 사람처럼 너무 웃어대는 것 같아 서로 절제를 해보려 했지만 웃음이 멈추질 않았다.

신기했다. 뒹구는 낙엽만 봐도 웃음이 터진다는 소녀들도 아닌데, 마치 그 시절로 돌아간 것처럼 쉴 새 없이 웃다니!

친구와 나는 얼굴만 마주치면 대학시절 기억을 끄집어내며 웃어댔다.

"너 왜 이렇게 살이 쪘니? 까르르르."

"아니야, 그때 너무 말랐던 거지. 40킬로 간신히 넘어가는 몸무게였으니까. 하하하. 그러는 넌 왜 이렇게 옷도 대충 입는 아줌마가 됐니?"

"그러게. 그때는 학교에서 우리가 제일 알아주는 멋쟁이들이었는데. 그치? 호호호."

"참, 너 ○○이 기억나? 키 크고 단발머리. 글쎄, 걔가 그렇게 싫다고 튕기던 ○○ 선배랑 결혼한 것도 알어?"

"어머, 정말? 까르르르. 웬일이니? 쫓아다닐 때는 그렇게 싫다고 구박하더니…."

"맞어. 우리 서클 엠티 갔을 때, 그때 그 사건 너도 알지? 호호호."

나는 시골 마을 목사이신 아버지의 영향으로 신학대학을 다녔는데, 일반 대학에 비하면 규율이 엄격한 편이지만 젊은 청춘들이 모인 곳이라는 점에서는 다를 바가 없었다. 누가 누구를 좋아했고,

누가 누구를 사귀다 헤어졌고, 짝사랑하던 선배는 어떻게 됐고, 합창단 지휘자가 누구를 그렇게 자주 보더라는 등 타임머신을 타고 25년 전으로 돌아간 듯 우리는 그칠 줄 모르는 수다를 풀어놓으며 어느새 배꼽을 잡고 웃고 있었다.

술하고 친구는 오래될수록 좋다더니, 십수 년을 못 만나고 살았어도 "한번 놀러 와."라는 친구의 한마디에 정말 독일로 날아와 함께 옛 이야기 나누며 웃게 될 줄이야!

아무리 생각해도 실감이 안 나고, 또 너무 좋아서 그렇게 얼굴만 마주쳐도 웃음이 나는가 보다!

쾰른 대성당과 크리스마스 마켓

아늑한 베이스캠프 격인 쾰른을 떠나 런던으로 가기로 했다. 엄마가 꼭 가보고 싶어 했던 곳이라 그곳을 첫 여행지로 정하고 바로 다음 날 출발하는 비행기까지 예약을 마쳤다.

"엄마, 우리 오늘은 쾰른 시내에 한번 나가볼까? 크리스마스 마켓 구경하고 싶어."

"나도 마음은 그러고 싶은데… 내일부터 많이 걸어야 하니까 오늘까지는 좀 쉬게. 길도 미끄럽고."

이모네 동네에서 쾰른 중앙역으로 가려면 지하철을 타야 하는데 그것도 엄마에게는 쉽지 않은 일이고, 게다가 중간에 환승까지 해야 한다니 나도 살짝 긴장이 되긴 했다. 그래서 나 혼자 예행연습 삼아 다녀오기로 하고 저녁 무렵임에도 집을 나섰다.

쾰른은 아담하고 깨끗한 도시이지만 중앙역 앞에 있는 대성당 외에 크게 알려진 관광명소는 없는 곳이다. 하지만 그런 점 때문에 오히려 현지인들의 삶을 있는 그대로 볼 수 있을 것 같았다. 특히 크리스마스 시즌에 중앙역 광장에서 열리는 크리스마스 마켓이 큰 볼거리라는 이모의 말에 설레는 마음으로 중앙역에 도착했다. 지하철 출구를 빠른 눈으로 스캔한 뒤, 번화가로 연결되는 출구를 찾아 밖으로 나왔다.

지상으로 나오자마자 눈앞에 펼쳐진 진풍경에 눈이 휘둥그레졌다. 따듯한 오렌지 빛 조명을 단 야외매장이 광장을 가득 메운 가운데, 고소한 과자 냄새와 맛있는 음식 냄새가 가득하고, 예쁜 크리스마스 소품이 반짝이는 풍경이라니! 게다가 아이들을 데리고 나온 가족부터 연인들, 노부부들까지… 붐비는 인파가 크리스마스다운 활기를 가득 띠고 있었다.

마켓에 가면 바게트 소시지를 꼭 먹어보라고 추천해준 이모의 말을 떠올리며, 곧바로 소시지 가게를 찾았다. 그릴 위에서 지글지글 익힌 먹음직스러운 소시지에 케첩을 발라 바게트에 끼워주는 간단한 음식. 그런데 한입 맛을 보자마자 깜짝 놀라, 다시 한 번 소시지를 쳐다보았다. 모양도 색깔도 특이할 게 없는 소시지인데, 어떻게 이렇게 맛있을 수가 있지? 평소 식탐이 거의 없는 편임에도, 빨리 먹고 하나 더 먹어야겠다는 생각이 절로 드는 맛이었다.

바게트 소시지를 먹으며 광장의 마켓을 하나하나 구경했다. 예쁜 모양의 쿠키, 초콜릿, 이상하기도 하고 예쁘기도 한 인형 장식품들, 크리스마스트리를 장식할 소품들, 뜨겁게 끓인 와인과 핫 초콜릿, 예쁜 머그컵과 향긋한 향초, 신선한 과일까지 모든 게 아기자기하고 예뻤다.

그렇게 마켓을 한 바퀴 둘러보고 다시 소시지 가게로 돌아와 바게트 소시지를 또 하나 사서 이번엔 중앙역 근처의 상가를 구경했다. 우리에게도 익숙한 프랜차이즈 커피숍과 의류 매장이 즐비한 중앙역 번화가도 사람들로 북적대 축제 분위기였다. 도넛가게도 가보고, 평소 좋아하는 커피숍에도 가보고, 옷가게에 들러 크리스마스 시즌 50퍼센트 할인하는 옷도 사고, 작은 빵집에도 가보고…. 혼자 시간 가는 줄 모르고 돌아다녔다.

언제부턴가 나는 혼자만의 시간을 가져도 온전히 자유롭다 느

끼진 못했던 것 같다. 나보다는 엄마를 먼저 챙겨야 했고, 엄마 입장에서 먼저 생각해야 했기 때문일 것이다. 그런데 쾰른에서의 이 짧은 시내 산책은 내게 무한한 자유와 행복감을 주었다. 왜일까? 엄마가 집에 혼자 있는 것이 아니라 친자매 같은 친구와 같이 있어서? 한국에서처럼 무기력한 모습이 아니라 여행의 활기로 반짝반짝 깨어 있어서? 그렇다면 이 여행 자체가 나에게 자유로움을 준 것은 아닐까?

처음부터 이 여행에 거창한 의미를 둔 건 아니었지만, 떠나오길 잘했다는 생각이 들었다. 1년간 수면제와 우울증 약에 빠져 지내던 엄마와 그 약을 끊게 하기 위해 온갖 방법을 동원하고 별의별 말을 다 쏟아냈던 딸. 정말 포기하고 싶은 순간도 많았지만 엄마니까, 나를 세상에 있게 한 사람이고 내가 가장 사랑하는 사람이니까, 그런 엄마를 포기하지 않기 위해 어디론가 떠나야겠다고 결심했던 것이다.

사실 엄마를 지킬 수 있는 방법이 뭔지는 아직도 잘 모르겠다. 이런 방식이어도 되는지, 내 방법이 옳은지 말이다. 그렇지만 단 하나, 엄마를 지켜야 한다는 마음 하나로 시작했다는 것. 그 마음만큼은 옳은 것일 테니까, 그 마음 하나 믿고 가는 중이다.

유럽을 여행지로 택한 것은 일단 많이 걸어야 하는 곳이기 때문이었다. 다리가 불편한 엄마에겐 조금 잔인하고 냉정한 이유일 수도 있다. 하지만 나는 엄마가 '못할 것 같다.'는 약한 생각에서 벗어나 세상과 부딪치면서 스스로 할 수 있는 것이 많다는 것을 깨닫기를 바랐다. 나 역시 여행을 통해 지친 마음을 추스르고 새로운 용기를 얻을 필요가 있었다.

떠나오면서 이미 시작되었지만, 내일 진짜 여행이 시작된다. 첫 시도여서 일정은 길게 잡지 못했지만, 어쨌든 이 여행을 마치고 돌아올 땐 분명히, 더 강한 다리와 단단해진 마음을 갖게 될 거라 믿는다. '못할 것 같다.'가 '뭐든 다 할 수 있다.'로 바뀌어 있을 거라 믿어 의심치 않는다.

PART 02

LONDON, UNITED KINGDOM

이토록 아름다운 세상!!

도전! 지하철 환승

드디어 런던 가는 날. 쾰른 공항에서 이지젯 비행기를 타고 1시간 남짓 걸려 런던 개트윅 공항에 도착했다. 까다롭다는 입국심사에 잔뜩 긴장했는데, 다행히 별 질문 없이 통과!

예약해둔 민박집으로 가기 위해 지하철을 탔다. 서울에서는 거의 택시를 이용했지만, 런던은 택시요금도 비싼데다 이번 여행의 목적이 새롭고 다양한 시도인 만큼 지하철로 가보기로 한 것이다. 지하철 티켓을 사서 무사히 탑승! 중간에 한 번의 환승까지 아무 문제 없이 해냈다.

환승역에 내려서 워털루 역으로 가는 지하철을 확인해보니 건

너편 플랫폼이었다. 바로 그때, 3분 후에 열차가 도착한다는 안내 방송이 나왔다. 건너편 플랫폼으로 가려면 계단뿐인 출구로 내려가 다시 계단을 한참이나 올라야 하는데, 3분 안에 갈 수 있을까? 계산이니 고민이니 할 겨를도 없이 나는 캐리어를 들고 계단을 향해 뛰기 시작했다.

"엄마, 내가 먼저 내려갈게 천천히 와!"

하지만 누가 봐도 천천히 오라는 말투가 아니었다. 급한 마음에 몸이 먼저 반응해서 계단을 향해 돌진했지만, 캐리어 무게 때문에도 그리고 행여 엄마가 급하게 따라오려다 넘어지기라도 할까봐 엄마보다 두세 계단 거리를 유지할 수밖에 없었다. 그렇게 종종거리며 맞은편 플랫폼 계단에 도착하자 이번엔 올라가야 하는 난코스! 유럽 여행의 최대 적수는 그 많은 계단이라더니, 한국 지하철엔 어디에나 있는 그 흔한 에스컬레이터도 없이 무수한 계단만이 우리를 기다리고 있었다. 다시 한 번 힘을 내 캐리어를 들며 끌며 플랫폼에 다다랐다.

뒤를 돌아보니 엄마도 엄마가 낼 수 있는 최대한의 속도로 계단을 오르고 있었다. 하지만 지하철은 이미 도착해서 금방이라도 출발할 듯 크릉크릉 소리를 내고 있었다.

애타는 맘으로 플랫폼에 거의 다 오른 엄마와 지하철 안을 번갈아 보고 있자니 지하철에 타려던 한 신사분이 내 캐리어를 번쩍 들어 지하철 안으로 옮겨주었다. 캐리어가 너무 무거워서 내가 옮기지 못하고 있는 줄 아셨던 모양이다. 어쨌든 그 친절이 참 고마워서 미소로 인사를 하고, 얼른 엄마를 부축해 출발 일보 직전인 지하철에 겨우 올랐다.

"엄마, 너무 힘들었지? 택시 탈걸 괜히 지하철 타자 그래서 고생한 거 아니야?"

"아이고, 괜찮아. 이런 게 여행이지. 택시 타고 편하게 다니면 서울하고 다를 게 뭐 있어? 재밌었어, 괜찮아."

엄마가 이렇게 말해주니 안심이다.

"엄마, 그런데 나 왜 그랬지? 이거 놓치면 다음 것 타도 되는데. 뭐가 급하다고 기차도 아닌 지하철을 그렇게 죽어라 탔을까? 하하하."

생각해보니 그 상황이 너무 웃겨 어이없는 웃음이 났다.

WATERLOO
STATION

서 있기만 해도 황홀한 도시, 런던

이런 시간이 진짜 올 줄이야. 독일에서 친구 만나고, 그 집에서 자고, 딸과 함께 영국 런던이란 곳에 내가 있다는 것 자체가 순간 순간 믿기지 않았다.

공항에서 민박집까지 찾아가는 과정도 마치 런던의 내 집을 찾아가는 느낌이 들어 좋았다. 지하철역에서 나와 조금 걸어 도착한 예쁜 이층집이 우리의 숙소! 한국 사람이 운영하는 민박이라, 마치 런던에 사는 또 다른 친구 집에 초대받아 온 기분이었다.

"어머, 얘! 런던은 길에 서 있기만 해도 황홀한 도시라더니, 정말 그렇다. 나 너무 흥분되는 거 있지! 우리 빨리 나가보자!"

우리는 수다 친구

비행과 지하철 환승, 그리고 도보 이동으로 힘들 법도 한데 영국에 왔다는 게 너무 기분 좋다며 빨리 나가보자는 엄마. 민박집에 짐을 놓고 피카딜리 서커스 아케이드로 향했다. 민박집에서 가까운 거리라 블랙캡을 타고 이동했다. 무작정 피카딜리 서커스로 가달라고만 했더니, 정말 피카딜리 서커스 한가운데 내려주었다.

'여기가 어디지?'

길눈이 제법 밝은 나도 당황스러웠다. 지도를 보며 열심히 길 이름을 찾고 있는데, 엄마가 쿨하게 한 마디 하신다.

"그냥 걷자. 걷다보면 뭐 나오지 않을까? 걷기만 해도 너무 좋잖아."

모르면 알아야 하고, 앞장서서 무언가를 해야 한다는 분주한 마음이 엄마의 말 한 마디에 정리가 됐다. 그래, 여기가 어디건 피카딜리 서커스 한복판 어디일 테고, 건다 모르면 물어보면 되고. 무엇보다 엄마가 좋다니까. 계획대로 안 되고 내 맘대로 안 될 때가 더 많은 것이 여행의 묘미이기도 하니까. 그렇게 의외로 흘러간 상황에서 더 좋은 것을 만나기도 하니까!

그렇게 정처 없이 엄마와 거리를 걸으며, 예쁜 가게와 물건, 사람들을 구경했다.

"어머, 얘 저 장식 좀 봐. 어머, 런던은 뭐가 다 이렇게 예쁘니. 어머, 저 꽃잎 장식 좀 봐. 어머, 저 골드 방울 좀 봐. 어머, 화려해라."

"똑같은 크리스마스트린데? 우리 너무 들떴어, 엄마."

"어머 얘, 사진기 좀 꺼내봐. 엄마 좀 찍어줘."

"나는 엄마 잘 찍어주는데, 엄마나 좀 잘 찍어줘. 맨날 흔들려!"

하지만 내 이야기는 안중에도 없다.

"어머, 배경도 너무 예뻐. 빨리 찍어줘봐."

"알았어. 어머, 엄마 팔뚝 좀 심한데?"

"괜찮아 얘. 런던이잖니."

"응? 엄마 팔뚝 뚱뚱하게 나왔다니까, 그게 런던하고 무슨 상관이야. 하하하. 엄마, 지금 엄청 웃긴 거 알어?"

"괜찮아, 괜찮아. 런던이잖아. 호호호."

그렇게 한참을 걸은 뒤 배가 고파 식당을 찾다가 예쁜 레스토랑이 있어서 무작정 들어갔다. 엄마는 이 레스토랑도 너무 예쁘다며 들뜬 마음을 감추지 못했다.

"근데 여기 무슨 레스토랑이래? 이름 알아?"

"이름? 몰라."

"우리 그냥 아무 데나 들어온 거니?"

"응, 맛있겠지? 맛없으면 어떡하지?"

"아니야, 런던은 다 맛있을 거야. 이미 맛있어."

"아직 아무것도 안 먹었는데 뭐가 맛있어! 깔깔깔."

후에 알고 보니 그곳은 런던에서 유명한 프랜차이즈 레스토랑이었다. 물론 맛도 훌륭했다.

그렇게 모녀는 보이는 게 무엇이든 예쁘다고 감탄, 먹는 것이 무엇이든 맛있다고 감탄, 지나가는 외국인이 누구든 멋있다며 감탄, 무조건 감탄하기 바빴다. 런던에 왔다는 사실에 얼마나 들떴는지, 엄마와 내 머릿속엔 '즐거움'만 가득했다.

사진도 실컷 찍고 즐거운 마음으로 어둑어둑 해 지는 런던의 밤거리를 걸었다. 까만 옷을 입은 런던은 낮과는 또 다른 환상적인 야경을 뽐냈고, 그 절경에 엄마와 난 길고 긴 거리를 힘든 줄 모르고 걸었다.

민박집으로 돌아오는 길에 마켓에 들러 3파운드의 푸짐한 롱간을 사왔다. 2인실 방 안 좁은 바닥에 엄마와 마주 보고 앉아 오늘 하루 있었던 일들을 생각하며 이야기꽃을 피웠다. 사실 들어보면 별 내용 아닌(?) 수다들인데, 뭐가 그리도 재미있는지. 한 보따리나 되는 롱간을 본격적으로 까기 시작하며 그 '별 내용 없는' 수다를 시작했다. 우리 모녀는 종종 새벽을 지나 동이 틀 때까지 수다를 떨곤 했다. 런던에서 오랜만에 그 수다가 시작된 것이다.

"아가, 엄마는 서양 몸매인 것 같아. 여기 오니까 사이즈가 미디엄이야. 너무 좋아."

"와우, 엄마 팔뚝이 여기서 미디엄? 유럽에서 마음껏 그 기쁨을 누려 엄마. 한국에선 미디엄 말도 안 되지."

"엄마도 네 나이 때는 너보다 더 말랐었어. 44사이즈도 컸다니까."

"킬른 때부터 자꾸 내가 못 본다고 막 말하기야?"

"어머 얘 좀 봐? 너 엄마 졸업사진 봤어 안 봤어! 말해봐!"

"모르겠는데? 이상한 뿔테안경 쓴 것밖에 기억 안 나."

"너도 나중에 나이 들어봐. 언제까지나 날씬할 것 같지?"

"난 날씬하게 늙을 거야!"

"아유, 그러시든가."

우리의 대화는 거의 이런 식이다. 아옹다옹, 투닥투닥 수다를 떨다보니 어느새 앙상하게 껍질만 남은 롱간. 눈 깜짝할 새에 롱간을 해치운 엄마는 3파운드의 달달한 롱간이 오늘 밤을 행복하게 마무리하게 해줬다며 만족스런 표정을 지어 보였다. 롱간 때문에 행복한 게 아니라, 우리 모녀가 함께라서 더 맛있고 더 행복한 것 아닐까.

처음 경험하는 신선한 아픔

눈과 마음은 넘치도록 즐거운데, 걸을 때마다 다리는 물론 어깨와 손, 허리에까지 통증이 몰려와 힘에 부쳤다. 10년 전 인공관절 제거 수술을 받고 나서 왼쪽 다리가 오른쪽보다 4센티미터 정도 짧아졌다. 그 때문에 실내화든 구두든 왼쪽 신발은 맞춤이나 수선을 통해 높이를 조절해서 신어야 했다. 하지만 왼쪽 다리에 힘을 잘 주지 못하다 보니 오른쪽 다리에 비해 근육의 양이나 힘이 턱없이 부족해 양쪽 균형이 맞지 않았다. 어쩔 수 없이 늘 오른쪽 다리에 힘이 더 들어갈 수밖에 없는 상황이다.

지금은 목발을 하나만 짚지만 양쪽 다 짚을 때부터 늘 어깨 근육은 뭉치고 경직되어 통증이 끊이질 않았다. 오른쪽 목발만 짚게 되면서부터는 오른쪽 어깨와 손에 무리가 가서 손은 늘 퉁퉁 붓고 손바닥은 두꺼워졌다. 그렇게 오른 다리에 힘을 더 실은 채 걷다 보니 조금만 걸어도 오른쪽 무릎과 골반이 뻐근해지고, 쉬려고 의자에 앉으면 구부러지지 않는 왼쪽 무릎 때문에 또 금세 그 다리에 마비가 온다. 내 몸이 이런 형편이라 통증이 가장 덜한 자세는 눕는 것이고, 좀 오래 앉아 있으려면 의자나 쿠션 등으로 왼쪽 다리를 받쳐주어야만 한다.

그런데 오늘은 지하철 환승하느라 계단을 여러 차례 오르내렸고, 눈을 뗄 수 없는 런던 시내 구경에 넋이 나가 몸이 아프다고 아우성을 쳐도 무리해서 계속 걸었다. 평상시에도 계단을 오르내리면 평지를 걸었을 때보다 통증이 열 배쯤은 심한데, 평소 움직이던 것보다 몇 배나 무리를 했으니!

그런데도 이 아픔이 왠지 신선했다. 내가 이렇게 많이 걷고도 살 수 있구나 싶은 생각이 들어 기분이 좋았다. 이렇게 살아지는 것을, 살면 살아지는 것을.

이 다리로 딸과 둘이 런던에 와 있단다, 내가. 하하. 긴 수식어로도, 어떻게도 정확히 표현할 수 없지만, '감사합니다. 이런 시간,

이런 도시를 걷게 해주셔서.'란 감사의 기도만이 나왔다.

이번 여정에서 어떤 일이 일어날지 살짝 기대된다는 이야기를 나누다 나도 모르게 스르르 눈꺼풀이 감기고 잠에 빠져들었다. 이렇게 졸려본 적이 언제였던가 싶다. 수면제를 먹어도 잘 못 자고 헤매던 밤들이 얼마나 많았는데. 너무 졸려서 저절로 잠에 빠져드는 이 행복함. 아픈 것보다 이렇게 자연스럽게 잠들 수 있다는 게 참 행복하다.

BOUCHERON

힘들어도 고! 무조건 고!

런던에서의 둘째 날. 오늘은 엄마와 쇼핑을 하기로 하고 리젠트 스트리트로 나왔다. 명품 숍을 비롯해 다양한 숍들이 즐비한 쇼핑 거리. 영국에 왔으니 영국 브랜드 숍들부터 구경해볼까.

자국 브랜드여서 한국보다 저렴하고, 수입되지 않은 상품들이 많아 아이쇼핑만으로도 즐거웠다. 걷다가 구경하고, 또 걷다가 구경하기를 반복하느라 시간 가는 줄도 몰랐다. 허기가 느껴져 하늘을 올려다보니 어둑어둑 저녁이 되어 있었다.

오늘은 한식 좀 먹고 싶다는 엄마의 말에 한식당이 있는지 찾아보기로 했다. 다행히 우리가 있는 곳과 멀지 않은 차이나타운 근처에 한식당이 있다는 가이드북 정보를 보고 어렵지 않게 찾아갈 수 있었다.

재미있게도 식당 이름이 '앗싸'. 이름이 앗싸라니. 근데 정말 한식당을 찾는 순간 나도 모르게 "앗싸!" 하고 반가운 감탄사를 내뱉었다. 밥을 잘 안 먹는 나도 김치찌개를 보니 괜히 울컥하기까지. 낯선 곳에서 만난 '한국' 그리고 '한국 음식'이라는 반가움이 굉장히 컸나 보다.

한국 음식으로 배를 두둑이 채우고 돌아온 민박집. 더블 침대 하나만으로도 꽉 차는 이 작은 방이 우리 모녀에겐 참 행복한 공간이었다.

행복! 그것은 거창한 게 아니었다. 우리의 마음을 꽉 채우고 그 마음이 따스해지면 되는 것을, 왜 이제야 이 먼 곳에서 이 좁은 공간에서 새삼 느끼는 것인지.

불을 끄고 누워 창문으로 들어오는 달빛을 조명 삼아, 모녀의 수다가 시작된다.

"눈 안 와서 다행이다, 그치 엄마?"

"그러게, 눈까지 왔으면 이렇게 못 걸어 다녔을 텐데."

"진짜 많이 걸었는데, 다리 괜찮아?"

"아프긴 아프지. 많이 걸었으니까. 그래도 그 덕분에 약 안 먹어도 잘 자잖아. 얼마나 다행이야."

"그건 그래. 그래도 엄마 오른쪽 다리가 너무 고생이 심하다."

"야, 말도 마. 솔직히 말하면 오른쪽 다리 말고도 여기저기 다 아파. 네가 엄살 부린다고 할까 봐 입 꾹 다물고 있었던 거야, 기집애야."

"아~ 그러셨어요? 미처 헤아리지 못해 죄송하네요. 내일은 좀 늦게 나가서 조금만 다니도록 하지요."

"호호. 그나저나 정말 꿈같다. 엄마가 너하고 런던에 와 있다는 것도, 정신이 이렇게 말짱하다는 것도."

"나도 꿈같아. 엄마가 이렇게 정신이 맑다는 게."

"많이 힘들었지, 우리 딸…."

"힘들었지. 많이 힘들었지. 엄마도 나도…."

아픈 당사자도 힘들지만, 사실 그 아픔을 지켜보는 것도 너무 괴로운 일이다. 내가 대신 아파줄 수도, 대신 뭘 해줄 수도 없으니 말이다. 그리고 그런 엄마에게 약한 모습을 보일 수 없어 난 더 태연해야 했다.

그래서 나는 소리 내서 잘 울지 않는다. 그리고 몰랐는데, 언젠가 누군가 내게 그랬다. 왜 소리 내서 웃지 않느냐고. 내가 그랬나? 습관이란 게 참 무서운가 보다. 울고 싶을 땐 병원 구석에 앉아 숨죽여 울었고, 웃는 건… 글쎄, 그건 나도 잘 모르겠다.

힘들었을 엄마와, 그런 엄마를 지켜보며 이겨내기를 간절히 바랐던 딸. 우리 모녀는 그렇게 한동안 말없이 서로의 손을 꼭 붙잡았다. 더블 침대에서 엄마와 딸이 꼭 붙어 서로의 손을 잡고 마음으로, 온기로 힘들었던 시간들을 잘 견뎌냈노라 위로하고 있었다.

PIAGET
PIAGET

London Beatles Store

‘지금’을 사는 즐거움

어디를 보아도 ‘와!’라는 외마디 감탄이 절로 나오는 풍경! 런던의 상징인 국회의사당 빅벤, 그리고 그 옆의 대관람차 런던아이, 템스 강을 가로지르는 당당한 타워 브리지, 그리고 시내의 유명 쇼핑몰까지. 무엇을 봐도 그저 신기하고 새로워서 발걸음이 가벼웠다. 그렇게 잠시 한국에서의 나를 잊고, 신이 나 런던을 마음껏 즐겼다.

웬만해서는 걸어서 이동해야 했지만 덕분에 많은 것을 보고 사진도 많이 찍을 수 있었다. 키가 크고 걸음이 빠른 딸은 엄마 속도에 맞추어 걸어주고, 그렇게 들떠서 여기저기 걷다가 숨차 서로 바라보다 또 웃고. 아휴 힘들어, 하면서도 눈에 들어오는 것 하나 놓치지 않으려 물어가며 찾아가고, 사진도 많이 찍고.

카메라 뷰 파인더 안에서 활짝 웃는 딸의 얼굴을 보니 이전에 엄마를 붙잡고 제발 정신 좀 차려달라고 울던 그 슬픈 표정이 더는 없는 것 같아서 행복했다. 오늘만큼은 '행복' 그 자체인 딸의 환한 웃음에 한쪽 가슴이 저려왔다.

언젠가 책에서 '런던이라는 도시는 심심할 틈 없이 활기찬 곳이라 의욕이 없을 때 생기를 얻어갈 수 있는 도시다.'라는 구절을 읽은 기억이 있는데, 런던 거리를 활보하다 보니 나도 왠지 속에서부터 기운이 나는 것 같았다. 내일 일어날 수 있을지 없을지도 모르겠는 이 힘든 몸 상태도 '에라, 모르겠다.' 싶을 정도로 마음이 많이 편하다.

세상에서 제일 예쁜 손

아침에 엄마가 손이 아프다며 퉁퉁 부은 손을 보여줬다. 안 그래도 붉은 손이 더 빨갛게 퉁퉁 부어 있었다. 오랜 시간 목발을 짚으며 걷다 보니 오른손은 특히 더 부어 있었다.

"아이고, 마녀 손 같다."

엄마가 손을 보며 말했다.

"아파서 많이 부어 그렇잖아. 마녀 손이라니. 내가 제일 좋아하는 손인데."

내가 유치원 다닐 때로 기억한다. 스테로이드 부작용으로 인해

세포가 많이 죽어 엄마의 양쪽 손은 울긋불긋 색이 변하고, 퉁퉁 부어버렸다. 무리하거나 손을 많이 쓰면 더 붓고 붉어진다. 엄마 손을 처음 본 사람들은 대부분 깜짝 놀란다. 무슨 피부병에라도 걸린 것 아니냐 물어보기도 한다.

그래서 엄마는 액세서리를 참 좋아하면서도 반지 끼는 것은 늘 망설인다. 퉁퉁 부은 손가락에 맞는 반지가 별로 없어서 사이즈를 따로 맞춰야 하는데다, 예쁜 반지가 이런 손에 어울리겠냐며 늘 만지작거리기만 하는 것이다.

가녀린 몸매만큼이나 손가락도 하얗고 얇았다던 엄마의 손. 병 때문에 그 곱던 손이 울긋불긋 변해버렸으니 엄마 속은 얼마나 상할까. 하지만 난 진심으로 우리 엄마 손이 세상에서 제일 예쁘고 제일 따뜻하다.

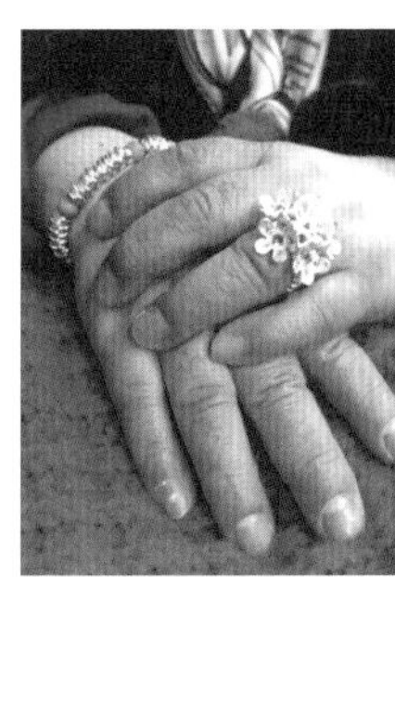

사소하지만 따뜻한 배려

이틀 동안 많이 걸어 힘들어하는 엄마를 생각해 오늘은 느지막이 밖으로 나섰다. 런던의 날씨는 종잡을 수 없다던데 다행히도 우리가 머무는 동안엔 계속 좋은 날씨였다.

해가 높은 시간에 나왔는데도 겨울인지라 춥긴 추웠다. 런던에 왔으니 갈색 트렌치코트를 입어줘야 한다는 촌스러운 생각은 왜 들었는지 모르겠지만, 아무도 알아주지 않는 혼자만의 패션을 고집하다 추워서 오들오들 떨기 시작했다. 결국 얼마 못 돌아다니고 눈에 보이는 카페로 곧장 들어갔다.

영국의 프랜차이즈 카페 코스타에는 사람들이 가득했다. 추운 나도 나지만 셋째 날이 되자 엄마는 조금만 걸어도 힘든 모양이었다. 꽉 찬 커피숍 안을 둘러보는데 아무리 찾아보아도 빈자리가 보이지 않았다.

그런데 커피숍 직원이 목발 짚은 엄마를 보더니 "잠깐만!" 하고는 창가 쪽에 남은 한 자리를 찾아내 우리를 불렀다. '앉을 수 있을까?' 하면서 다가가는데 양옆의 손님들에게 "가방 좀 치워주세요!" "옆으로 좀 가주세요!"라며 큰 소리로 자리 정리를 해주시는 게 아닌가!

미안해하는 우리와 달리, 아무렇지 않게 가방 정리를 하고 비좁은 공간에서도 자리를 마련해주던 런던 사람들. 정말 모두에게 고마웠다. 그렇게 두 자리를 마련해주고는 미소와 함께 "Enjoy your time!" 하며 사라진 고마운 직원분. 그런데 우리가 자리에 앉아 한숨 돌리려 할 때 그가 이번엔 작은 간이의자를 가져다주는 게 아닌가. 다리가 불편한 엄마를 배려해 먼저 챙겨준 그 세심함에 우리는 깜짝 놀랄 수밖에 없었다. 덕분에 엄마는 조금 더 편히 왼쪽 다리를 뻗을 수 있었고, 편히 쉬는 엄마 얼굴을 보며 나 역시 마음 편히 커피와 여유를 즐길 수 있었다.

외국에서 이런 친절을 경험하니 한국에서 겪은 힘든 일들이 생각났다. 요즘은 많이 나아졌지만, 아직도 한국에서는 택시를 탈 때 노골적으로 싫은 티를 내거나, 빨리 타라며 짜증 부리는 기사들이 있다. 예전에는 승차 거부도 많이 당했다. '저 불편한 몸으로 왜 굳이 나왔을까.'라고 말하듯 흘겨보거나, 아예 대놓고 쳐다보는 사람들. 아무리 밝고 긍정적인 성격을 가진 엄마라 해도 그런 일들을 겪으면서 조금씩 조금씩 세상으로 나갈 용기를 잃었던 것 아닐까. 내가 아무리 옆에서 지켜보고 그 상황을 함께 겪었다고 해도, 당사자인 엄마와 똑같지는 않았을 것이다. 말로는 엄마를 다 이해한다고 해놓고, 그동안 얼마나 많은 부분을 챙기지 못하고 지나쳤던 걸까. 그사이, 엄마는 혼자 얼마나 속상하고 힘들었을까.

커피숍에 앉아 따뜻한 커피와 차를 마시며 거리와 사람들을 구경했다. 몸이 따뜻하고 편안하니 세상을 다 가진 듯한 여유가 느껴졌다.

"이런 건 한국에서도 할 수 있는데, 한국에선 왜 그렇게 어렵고 여기 오니까 왜 이렇게 쉽니? 사람 마음이란 게 참 그래."

"그러게. 한국에도 널리고 널린 게 커피숍인데. 그렇게 나가자고 해도 싫다고 하고. 그땐 왜 그랬어?"

나의 질문에 엄마가 한숨을 깊게 내쉬었다.

"그냥. … 무서웠던 거지 뭐. 나가려고 막 머리 감고, 준비하고 나면 몸이 이미 힘들어서 지치고. 그렇게 힘들게 준비해서 밖에 나가봐야 사람들하고 못 어울리는 것 같고 혼자 겉도는 그런 기분이 싫었어. 자신이 없었던 거지."

"엄마 사람들 앞에서 말 엄청 잘하는 사람이잖아. 병원에서도 엄마가 말만 하면 입원실 사람들 다 웃느라 정신없었는데, 왜 갑자기 사람들이 무섭고 만나기가 싫었어?"

"그것도 잘 아는 사람들하고 있을 때나 그러지. 엄마 원래 아무데서나 말 잘하고 그런 사람은 아니야. 병원에서야 다 아픈 처지니까 서로 이해하기가 쉬웠는데, 교회에서 새로 사람들 만나 얘기해보면 뭐라 설명하긴 어렵지만 막 공감이 잘 되고 그러진 않더라고. 처지들도 다 다르고. 약 먹어가면서 억지로 버티고 있는데 아무렇지 않은 척, 밝은 척하는 것도 싫었고. 그러니까 점점 나가기가 싫었어. 사람들이 아픈 사람이라고 나한테 신경 쓰는 것도 부담스럽고. 그냥 여기저기 나다니면서 다른 사람 불편하게 하지 말고 집에나 있자, 한 거지. 집에 혼자 있으면 이런저런 신경 안 쓰고 편하니까. 근데 하루 종일 집에만 있으니까 심심하고, 잠 안 온다고 TV

IMPERIAL WAR MUSEUM
LONDON AQUARIUM
THAMES PATH
Hungerford Bridge
ST. THOMAS'S HOSPITAL
(Florence Nightingale Museum)
EMBANKMENT

보면서 밤새고, 그럼 또 자려고 약 먹고. 정신 차려야지, 하다가 또 이렇게라도 안 하면 지금 나보고 어떻게 견디라는 건가 싶고. 이게 점점 심해지고 정상이 아닌 것 같은 생각에 무서운데도 안 되는 거야. 약 끊는 게 더 무서웠다니까."

엄마가 털어놓는 속마음을 들으면서 나는 아무런 말도 할 수 없었다. 언제부턴가 사람들을 만나는 것도 싫어하고, 외출하는 것도 꺼려하고, 무언가를 하고 싶거나 하려는 의욕이 보이지 않는 엄마의 속마음이 그런 줄 몰랐었다. 나는 그저 수많은 약 때문에 엄마의 의욕이 저하되고 기력이 쇠해지는 것이라고, 아니 어쩌면 엄마가 나약한 사람이라서 그러는 거라고 생각했는지도 모르겠다. 엄마는 직접적으로 '우울증'이란 단어를 말하는지는 않았지만, 어쩌면 엄마가 우울증으로 고생하고 있었던 것은 아닐까라는 생각이 문득 스치고 지나갔다.

오랜 세월 열 번이 넘는 대수술을 하면서 생길 수 있는 불면증을 난 이해하지 못했다. 하루 종일 집에 있으면서 엉망이 된 생체리듬 때문이겠지, 아무것도 하지 않는데 당연히 사는 게 재미가 없겠지, 이 모든 것은 엄마 스스로 만든 문제고 엄마 스스로 자초한 일이야, 라고만 생각했었다. 엄마도 힘들겠지, 라고 생각하면서도 정작 무엇이 엄마를 힘들게 하는지 알려고 하지 않았다.

엄마는 늘 아픈 사람이라는 인식이 뿌리 깊게 박혀버렸기 때문일 것이다. 몸이 아픈 것만 보느라 마음이 아픈 것은 미처 알지 못했다. 지금에야 알게 돼서, 이제야 조금은 이해할 것 같아서 엄마에게 많이 미안했다. 엄마 말을 듣고 나니 더 미안했다. 근데 좀처럼 입에서 미안하다는 말이 나오질 않는다.

"나는 사실 엄마가 이해가 안 됐거든. 평소 성격이면 충분히 이겨내고도 남는데, 왜 저렇게 약에 집착하는지, 왜 저렇게 핑계를 대는지, 왜 맨날 변명만 하는지 이해가 안 됐어. 근데 엄마랑 안 싸우고 시간이 조금 지나니까 그때야 하나둘, 생각이 드는 거야. 내가 이해하면 엄마를 얼마나 이해한다고 머리부터 발끝까지 아주 다 안다는 듯이 굴었잖아. 그때는 정말 다 아는 줄 알았는데, 시간이 지나니까 뭔가 하나씩 찔리는 기분이 들었어. 왜 나 잘 그러잖아 엄마. 화 내놓고 뒤돌아서 후회하는 거. 시간이 지나야 아는 건가 봐. 이제는 조금, 아주 조금 알 것 같아. 엄마가 웬만큼 힘든 게 아니었다는 거…."

그저 시간이 지나면서 알게 되고 이해가 되는 것이 있듯이, 그

때는 모르고 이해할 수 없었던 것들이 시간이 지나고 나니 이제야 조금은 알 것 같다고, 조금 이해할 수 있을 것 같다는 말만 되풀이했다. 사실은 많이 미안하다는 말이 하고 싶었는데. 더 많이 이해하지 못한 건 이 딸이 못나서라는 고백이 하고 싶었던 거였는데 말이다. 근데 엄마는 어쩌면 다 알고 있는지도 모르겠다. 미안해하는 이 딸의 마음을, 그 말을 전하지 못해 속에 담아둔 것까지. 내가 엄마의 눈빛만 봐도 어떤 마음인지 알 수 있듯이 말이다.

COSTA
COSTA
FOR COFFEE LOVERS
FOR COFFEE
COSTA
FOR COFFEE LOVERS

화려하게 꾸미는 이유

옆에 누운 딸의 손을 꼭 붙잡고 서로 "아, 정말 행복하다."는 말을 주고받다 누가 먼저 잤는지도 모르게 그렇게 잠이 들었다. 수면제 없이도, 자겠다는 다짐 없이도 잠에 빠져드는 달콤함을 누리며.

하지만 다음 날 아침에 일어나질 못했다. 몸 전체가 알이 밴 듯 여기저기 쑤시고 아파 일어나지질 않았다. 눈도 잘 안 떠지고 힘든데 딸은 이미 씻고 나갈 준비를 마쳤다. 일어나는 건 어찌어찌 해볼 수 있겠지만, 한 시간 이상 걸리는 외출 준비는 도무지 엄두가 나지 않았다. 단 몇 분간의 짧은 외출에도 나는 샤워, 드라이, 메이크업, 옷차림까지 완벽하게 세팅을 해야 집을 나선다. 그런 내 성격을 잘 아는지라 딸은 혼자 산책만 하고 올 테니 엄마는 더 쉬라고 한다.

딸 부잣집의 막내로 자라서인지 나는 어릴 때부터 치장하는 데 관심이 많았다. 나이 차가 많이 나는 언니들이 방학 때마다 도시로 데리고 나가 유행하는 옷을 사주거나 언니들의 옷을 물려주었는데, 그 덕에 학교에서 늘 옷차림으로 주목을 받았다.

내가 직접 옷을 고를 수 있는 나이가 되었을 때에도 청바지, 티셔츠 같은 옷보다는 컬러풀한 옷들을 입곤 했다. 지금 생각하면 한창 청순하고 심플한 걸 좋아할 나이에 왜 그렇게 화려한 걸 고집했는지 모르겠다. 특히 정장에 원피스를 즐겨 입었으니 또래 친구들과는 패션 스타일이 많이 달랐다.

겨울에는 빨간 코트에 노란색 투피스, 여름에는 파란 시폰 원피스 등등. 신학대학이다 보니 다들 한 번씩 쳐다보고 지나갔지만, 사람들의 시선이 불편하거나 신경 쓰이지도 않았다. 좀 유별났던 것 같다. 하지만 화장이 진하거나, 학생 신분을 벗어나는 이상한 차림으로 다닌 것은 아니었다.

다리 수술을 하고 몸이 불편해진 뒤에도 외모에 신경 쓰는 일은 변하지 않았다. 움직일 수만 있으면 피부 관리, 머리 손질, 병원 갈 때의 옷차림까지 꼼꼼하게 신경 썼다. 식구들은 '몸이 불편한데도 그렇게까지 하니 참 대단하다.'며 놀리듯이 이야기하면서도, 그렇게라도 해서 아픈 것을 잊을 수 있으면 차라리 낫다고 애써 묵인해주었다.

곱게 화장하고 말쑥한 차림으로 병원에 가서는 여기저기 아프고 힘들다고 하니 의사들도 처음엔 놀라다가, 부지런하고 보기 좋다며 격려해주곤 했다. 주변 사람들도 외출할 때마다 그렇게 준비하려면 힘들지 않느냐, 몸이 멀쩡한 사람도 그렇게 하려면 귀찮고 힘든데 대단하다고 했다. 당연히 힘들었다. 은행 볼일 같은 잠깐의 외출에도 아주 많은 준비 시간이 필요했으니. 그러나 그렇게 안 하고는 나갈 생각을 못 했다.

지금 생각하니 강박증이었던 것 같다. 스스로가 환자라고, 아프고 약한 사람이라고 대충 걸치고 나가는 것이 용납되지 않았던 것이다. 더 솔직히 파고들면, 이렇게 치장하는 일에 정성을 쏟는 이유는 콤플렉스 때문이었다. 목발 짚고 다니는 여자가 꾸미지도 않으면 더 초라해 보일 거란 생각에 남보다 더 열심히 가꾸었던 것이다. 수술 이후 체형도 변하고 스테로이드 부작용으로 살이 찌면서 쉽게 옷을 사 입지 못하게 되었을 때에도 중국에선 편하고 비용도 적게 드는 맞춤옷을 입는 등 단정하게 보이면서도 내 결점을 보완하려 무던히 애썼다. 아픈 사람이니까 대충 해도 된다는 생각은 한 번도 해본 적이 없었다.

그렇게 노력하며 씩씩하게 살았지만 딸의 학업을 위해 한국에 들어오면서 외출 범위가 줄어들었고 가끔 하는 외출도 힘에 부치기 시작했다. 일단 나가려면 한쪽 다리에만 의지한 자세로 샤워, 얼굴 팩, 화장, 드라이 등 기본적인 것만 하더라도 쉽게 지쳤다. 밖에서 만나는 사람들은 내가 그렇게 힘들게 준비한다는 것을 모르니, 몸이 불편해도 늘 꾸미는 것 좋아하는 쾌활하고 밝은 사람인 줄로만 알았다. 나도 어쩌다 한 번 하는 외출이니 아픈 티 안 내고 체력이 바닥날 때까지 이야기를 나누고는, 집에 돌아오면 진이 빠져 며칠 동안 꼼짝을 못 했다. 그러다 보니 점점 외출을 자제할 수밖에 없었다.

사실 내가 느끼는 열등의식, 콤플렉스에 남들은 아무런 관심도 없다. 나 혼자 그 문제에 몰입해 있기 때문에 너무 커 보인 것이다. 그걸 잘 알면서도 여전히 대충 편하게 걸치고는 못 나간다. 예전처럼 머리부터 발끝까지 치장하진 못해도 내 기준에서 '단정하게'는 꾸며야 마음이 편하다. 아직도 나는 '아픈 사람 같지 않게' 꾸미는 것이 다른 사람을 위한 배려라는 생각을 갖고 있기 때문이다. 아픈 티 내서 주변 사람들 걱정시키고 분위기 침울해지는 것보다는, 내가 좀 힘들더라도 아픈 사람 같지 않게 가꾸고 성격도 밝게 유지하려고 노력하는 것, 그것만은 아마도 죽을 때까지 포기할 수 없을 것 같다.

다시 열세 살이 된 것처럼

떠나는 날, 엄마는 며칠 동안 무리한 탓에 일어나질 못하신다. 저녁 비행기라 시간이 많이 남아서 혼자 산책이라도 할 겸 집을 나섰다. 런던에서는 좀처럼 보기 어렵다는 화창한 날씨가 아까워서 트레인도 타지 않고 무작정 걸었다. 맑은 하늘, 한겨울의 쨍한 햇살, 그 햇살을 받아 반짝이는 템스 강의 물살들, 빅벤의 카리스마, 그 아래 런던의 거리를 채운 수많은 사람들.

엄마와 함께 걷던 거리, 엄마와 함께 보며 감탄하고 사진 찍던 그곳을 혼자 돌아보고 있으니 기분이 이상해졌다. 혼자만의 산책이 주는 즐거움이 분명 있는데도, 옛날 엄마를 병원에 두고 나 혼

449 STRAND
TELEPHONE
TELEPHONE
TELEPHONE
TELEPHONE

TIFFANY & CO.
TIFFANY & CO.
TIFFANY & CO.
OLD BOND STREET W1

자 중국으로 돌아가던 날의 그 기분이 느껴졌다.

내가 처음으로 혼자 비행기를 탄 것이 열 살 때였다. 엄마 수술 때문에 한국에 왔다가 사정상 엄마는 병원에 계속 있고, 나 홀로 중국으로 출국해야 했다. 승무원 언니의 손을 잡고 비행기에 올랐다. 자리에 앉아 승무원 언니가 안전벨트까지 채워주고 떠나자 그제야 혼자 남겨진 느낌이 들었다. 특히 엄마 손을 잡고 기내 통로를 걸어가는 아이들이 너무나 부러웠다. 나는 말없이 고개를 푹 숙인 채, 비행기가 빨리 천진에 도착해 아빠를 만나기를 바랐다.

엄마가 1년에 한 번씩 수술을 받기 시작한 시기는 내가 초등학생 때였는데, 그땐 혼자 할 수 있는 일이 별로 없었다. 혼자서 시간을 보내는 방법도 몰랐고, 당연히 혼자 밥을 먹을 줄도 몰랐다.

그런데 한번은 엄마의 밥이 나눠 먹기에 부족할 것 같아서 혼자 밥을 사 먹겠다고 병원 맞은편 분식집엘 갔다. 막상 식당에 혼자 들어서니 왠지 어색하고 주눅이 들었다. 아직은 누군가 옆에서 챙겨주었으면 하는 나이여서 그랬을까. 김밥 한 줄을 시켜 먹었는데, 그게 심하게 체해서 밤새 고생을 했다. 그 뒤로 다시는 혼자 밥을 먹으러 가지 않았다.

밥 먹는 것 빼고 혼자 할 수 있는 일이 뭐가 있을까 돌아다니다가 병원 앞 오락실을 발견했다. 그리고 근처 CD 가게도. 노래를 좋아했던 난 오락실 안에 있던 1인용 노래방에서 매일같이 한 시간이 넘도록 놀다 왔고, 좋아하는 가수의 새 앨범이 나오면 CD 가게로 달려가 새 CD를 사다 들었다.

그렇게 혼자 지내는 일에 조금씩 익숙해졌고, 열세 살이 되었을 때는 그 모든 일들이 '어렵지 않은' 일이 되어 있었다. 혼자 비행기를 타러 공항에 들어서면 어떤 순서로 무얼 해야 하는지 외우고 있고, 공항에 아무도 마중 나오지 않아도 씩씩하게 공항버스를 타고 집으로 갔다. 은행에 대한 개념이 생기기도 전에 나는 한 달 생활비를 받아 살림을 꾸려 나갔고, 엄마 수술 때마다 보호자 서명은 물론 병원비 정산도 직접 했고, 학교 공부와 숙제는 물론 준비물 챙기는 것도 혼자 했다.

그렇게 내공을 다져서인지 나는 혼자만의 시간을 어려워하지 않는 편이다. 그럼에도 혼자만의 런던 산책은 오랜만에 가슴 한구석을 허전하게 했다. "어머, 얘! 런던은 왜 이렇게 멋있니? 어머어머!" 엄마의 이런 감탄사가 빠져서인지, 똑같은 풍경을 찍어도 왠지 사진이 빛나지 않아 보였다.

약이 떨어졌다!

이제 독일로 돌아간다. 빡빡한 일정은 아니었어도 딸과 계획했던 곳은 그래도 다 잘 다닌 것 같다. 하루 종일 신나게 돌아다니다가 잠자리에 들면 다음 날엔 절대 못 일어날 것처럼 몸이 아팠어도, 아침에 되어 걸으면 또 걸어지는 게 신기할 따름이었다.

그런데 오늘 약을 먹으려고 약통을 보니 진통제가 딱 한 알밖에 남아 있지 않았다. 혹시 이곳에서 약을 구할 수 있을까 싶어서 1층 학생들에게 물어봤더니 말도 안 되는 일이었다. 병원 가는 것부터 비용이며 절차며 더군다나 외국인 여행객 신분이니… 실행할 수 없는 방법이었다.

일단 독일로 돌아가서 생각하기로 했다. 거기서도 병원 처방을 받아서 약을 구입하긴 쉽지 않겠지만, 일단 일반 진통제라도 친구에게 물어보고 사는 게 나을 것 같아서였다.

이상한 것은 정말 다른 약은 몰라도 진통제는 안 먹으면 금방 무리가 오는데 생각보다 크게 불안하지 않은 것이었다. 며칠 생각지 못한 대중교통 이용도 해보고 정말 많이 걷고 그만큼 또 아팠지만 다시 일어나 걸었던 것과 견딜 수 있는 힘이 생겼다는 것을 알게 되서 그런가 보다.

약 없으면 아무것도 못할 것 같던 그 생각이 없어진 것도 신기하고, 더 불안해야 정상인데 어떻게든 되겠지란 생각으로 크게 불안하지 않은 것도 신기하다. 그리고 일반 진통제로 견뎌보지 뭐, 싶은 생각이 든다. 병원에서 약을 처방받을 때마다 조금 덜 강한 것으로 바꿔보자 하시던 의사 선생님 말씀도 생각나고, 일단 마음은 괜찮다는 게 제일 안심되었다. 무엇보다 이런 내 마음을 알면 딸이 많이 좋아할 것 같았다.

마지막 남은 진통제 한 알을 먹고 속으로 기도했다. 여러모로 첫(?) 경험을 많이 한 이 여행. 올해 약과의 사투에서 지금 여기까지 와 있지 않은가. 여행 중 주변 사람들에게 '약' 때문에 폐가 되는 일은 없기를, 어떤 모습이든지 조용히, 무사히 이 여행이 끝날 수 있기를 간절히 원했다.

딸이 중간중간 일정 조절을 잘 해준 덕에 나는 쉴 수 있었고 딸도 나름대로 혼자 시간을 잘 보낸 듯했다. 런던에서의 시간이 만족스럽고 나 자신과 딸이 대견스러웠다.

독일 쾰른으로 향하는 비행기를 타고 다시 친구네로 왔다. 마중 나온 친구 부부에게 너무 고맙고, 친구 잘 둔 호사(?)를 누리는 것 같아 행복했다.

PART 03

Paris & Köln, France & Germany

따로 또 같이 행복하게

문턱 너머의 세상

"저 문턱만 넘으면 돼 엄마."

두문불출하며 집 안에만 있던 엄마에게 어느 날 내가 말했다. 엄마는 문턱을 넘는 일도 힘들지만, 문턱 너머의 세상이 더 무섭다고 했다. 엄마의 얼굴에 두려움이 가득해서 차마 더 이상 말을 할 수가 없었다. 왜 자신을 벼랑 끝으로 내몰려 하느냐는 얼굴이었다.

그렇게 세상에서 가장 슬픈 얼굴을 하던 엄마가 독일에서 활짝 웃고 있다. 이모네 교회에서 두 번째 예배를 마친 엄마의 모습은 밝고 활기 넘치던 옛날과 다름이 없었다. 편안하고 온화한 표정으로 사람들과 인사를 하고, 이야기를 주고받고, 기도를 하고, 노래를 부르는 그 보통의 모습이 얼마나 반가웠는지 모른다.

그렇게 한 걸음만 내딛으면 되는 거였는데. 그 한 걸음이 뭐가 그렇게 어려웠을까. 하지만 이제는 나도 왜 그걸 못 했느냐는 원망 대신, 어렵사리 한 걸음 떼어주어 너무 고맙다고, 이제 한 걸음 떼었으니 다음은 조금 더 쉬울 거라고, 그렇게 한 걸음씩이면 충분하다는 말로 엄마를 위로해주고 싶다.

내 삶에서 가장 행복했던 시간

지금까지 살면서 가장 행복했던 시간을 꼽으라면, 나는 주저 없이 딸을 배 속에 품고 있던 임신 기간이라고 말한다. 불가능할 거라 생각했으나 너무나 간절히 원했던 임신이었고, 유산하지 않으면 내가 죽을 거라는 초고도의 위험을 감수하고 지켜낸 생명이기 때문일 것이다.

고향 친구 사이였던 남편과 나는 대학 시절 다시 만나 사랑에 빠졌다. 하지만 당시 나는 인공관절 치환술과 교정술, 그리고 뼈 이식 수술 등 다리 때문에 큰 수술을 여러 차례 받았고, 결혼 1년 전에는 3개월간 전신 깁스를 한 상태로 누워 지내는 등 건강한 몸이 아니었기 때문에 시댁 쪽은 물론 친정에서도 결혼을 결사반대하는 상황이었다. 하지만 남편의 끈질긴 구애와 설득으로 난 용기를 내 시댁에 인사를 드리러 갔다. 남편이 그동안 어떻게 설득을 했는지 의외로 시부모님은 '생각했던 것보다는 몸이 약해 보이진 않는다.'며 결혼을 허락하셨다.

결혼하고 딱 1년 후에 임신을 했다. 남편은 물론 양쪽 집안 어른들 누구도 기대하지 않았던 임신이다. 그러나 나는 간절히 '엄마'가 되고 싶었기에 결혼과 동시에 맘속으로 아이 가질 준비를 하고 있었다.

너무 마른 몸매 때문에 임신이 어려울까 봐 밥도 신경 써서 챙겨 먹고, 수술한 곳에 무리가 가지 않도록 최대한 조심하면서. 남편에게도 '내 몸 괜찮을 거야.'라는 말을 계속 하면서 아이를 낳을 거라는 암시도 했다. 하지만 남편은 감히 아이를 가질 생각, 아이를 가질 수 있다는 희망을 갖지 못했기 때문에, 임신이라는 병원 진단을 전하자 그 어느 때보다 들뜬 목소리로 좋아했다.

비교적 쉽게 임신을 하고 낳는 사람도 있지만, 나는 임신 사실을 알게 된 그 순간부터 제발 아이만 무사히 나오게 해달라는 간절

한 기도를 드리고 또 드렸다.

하지만 결국 우려하던 일이 터졌는데, 수술 부위에서 염증이 올라오기 시작한 것이다. 수술했던 서울대병원 산부인과, 친정인 천안에서 잘한다는 산부인과 등 여러 병원을 다녀봤다. 하지만 다 안 된다는 소리뿐이었다. 임신 중반기로 넘어갈수록 태아 무게 때문에 다리에 무리가 심하게 가기 때문에 버티기 힘들다는 얘기였다. 의사 선생님 중 자신 있어 하는 분이 없었다.

그러자 남편은 기뻐하던 모습은 온데간데없이 고개를 푹 숙인 채 이러지도 저러지도 못하는, 세상에서 가장 나약한 모습을 보였다. 내게 가장 힘이 되어줄 사람이라 생각했는데…. 물론 남편은 내 걱정 때문에 그럴 수밖에 없었겠지만, 그때는 남편이 나와 같은 마음으로 아이를 지키기 위해 나서주기를 바랐었다.

어떻게든 희망의 끈을 놓지 않으려고 산부인과 의사이신 친구 아버지 병원을 찾아갔다. 수술 후의 내 몸 상태를 다 알고 계시는 분이었는데, 수술 부위의 염증을 보고 잠시 생각하시더니, "내가 해줄게. 아기 낳을 수 있어."라고 말씀하시는 게 아닌가! 아이를 낳아도 된다는 말을 의사에게서 처음 들은 것이다. 그 한 마디가 얼마나 큰 힘이 되었는지. 그분은 일단 상처의 염증 치료를 하고, 잘 먹어서 새살이 차오르게 하면 된다고 하셨다. 그 말씀에 희망을 걸고 매일매일 정형외과에 가서 소독 치료를 받고 주의사항도 꼼꼼히 지켜 나갔다.

하지만 아기가 크기 시작한 4~5개월부터는 엄청난 고통이 느껴졌고, 7~8개월 때는 일상생활이 힘들 지경이었다. 특히 온몸이 붓고 가려웠다. 이건 아기를 낳아야만 가라앉는다고 했다. 더 큰 일은 배가 불러오니 아직 예정일이 많이 남았는데도 자꾸 아이가 나오려 하는 것이었다. 집안 살림은 엄두도 낼 수 없었고, 쭈그려 앉아서 머리도 감을 수 없었다. 일상생활이 불가능했기 때문에 어쩔 수 없이 예정일 한 달 전에 입원을 했다.

아이가 인큐베이터에 들어가는 것을 막아보려고 하루하루 힘들게 버티다 입원 일주일 후, 그러니까 예정일을 3주 남기고 제왕절개 수술로 2.45킬로그램의 딸을 낳았다. 약간 저체중이긴 해도 심장이 튼튼하고 별다른 이상 증상이 없어 인큐베이터에 들어가지 않았다. 이후로도 딸은 잘 먹고 잘 자서 한 달 만에 또래 아이들의 키, 체중을 따라잡았다.

친정과 시댁 모두 딸의 출산을 진심으로 기뻐해주었다. 임신부터 출산까지 고생한 것을 다 알고 있기에, 공주보다 더 귀한 아이라며 축복해주었다. 한 생명을 잉태하고 세상에 내놓은 신비감, 그리고 그 고난을 견뎌낸 스스로에 대한 자신감, 엄마가 되었다는 책임감이 한꺼번에 몰려와 가슴이 울컥했다. 벅찬 행복감이었다.

부모와 자식의 연은 천륜이라 했다. 하늘이 뜻을 내주지 않으면 그 인연이 맺어지지 않는다는 말일 게다. 나는 믿는다. 딸아이는 하늘이 내게 주신 가장 값진 '선물'이라고. 딸아이를 처음 만난 그 순간이 내 인생에서 가장 기쁜 순간이었다고.

파리를 놓칠 순 없지!

짧은 여행이었지만 런던에서 정말 행복해하던 엄마의 모습이 내게 용기를 주었다. 그래, 다음은 파리다! 여자라면 누구나 가보고 싶어하는 도시 파리! 물론 엄마도 나도 언젠가 한 번은 꼭 가보자고 그저 꿈처럼 얘기하던 그 도시가 바로 지척에 있다. 쾰른에서 파리까지 가는 기차도 있다고 해서 일정을 정하려고 하는데, 엄마가 덜컥 감기에 걸렸다.

런던에서 너무 많이 걸으면서 무리를 한데다 나름 긴장을 하고 있다가 독일 이모네로 돌아오니 피로가 한꺼번에 몰려온 듯했다. 이런 상태로 여행을 강행하는 것이 엄마에게는 독이 될 것 같아,

파리는 나 혼자 다녀오기로 했다.

"아휴, 어떡하니. 나도 파리 진짜, 꼭, 가고 싶었는데…. 그런데 너 혼자 정말 괜찮겠어?"

"할 수 없잖아. 여기까지 왔는데 파리 못 보고 가면 후회할 것 같고, 아픈 엄마한테 억지로 가자고 할 수도 없고, 엄마 다 나을 때까지 기다릴 시간도 충분하지 않고. 괜찮아. 씩씩하게, 조심조심 잘 다녀올게."

아무렇지 않은 척 큰소리는 쳤지만, 속으론 내심 걱정이 됐다. 소매치기도 많고, 여자 혼자 여행하기엔 치안도 불안한 편이라는 이야기에 겁이 났지만, 생각해보니 혼자 여행해본 기억이 없어서 그 부분이 오히려 걱정스러웠다. 혼자여도 정말 괜찮을까?

파리로 떠나는 날. 걱정 말라고 엄마에게 웃어 보인 뒤 씩씩하게 중앙역으로 가 열차를 기다리는데 새삼스레 가슴이 설레고 기분이 좋아지기 시작했다. 파리에 대한 로망이 있었다고나 할까. 어릴 때부터 꿈꾸던 도시에 내가 간다는 기대감 같은 게 머리부터 발끝가지 짜릿하게 퍼지기 시작했다.

황홀한 크리스마스 선물

쾰른에서 브뤼셀을 거쳐 3시간 만에 파리 동역에 도착했다. 역이 굉장히 커서 행여 길이라도 잃을까 바짝 긴장한 채 안내센터부터 찾았다. 파리 시내 지도를 받고 3일짜리 지하철 패스도 구입했다. 이제 민박집 근처의 역으로 가기 위해 지하철을 타러 가야 하는데, 노선도 복잡하고 한 번 환승까지 해야 하는 코스라 나도 모르게 한숨이 나왔다.

아니야, 벌써부터 이렇게 저기압이면 안 되지. 무엇보다 정신 바짝 차리고 내 자신도, 캐리어도, 가방도 잘 지켜야 한다. 긴장을 늦추는 순간 끝나는 거다. 지하철 타기 전에 이 방향이 맞는지 묻고 또 물어 확인한 뒤 무사히 환승을 하고 민박집 근처의 역에 도착했다.

민박집에 들어서자 반갑게 맞이해주시는 주인아주머니. 아, 이제야 안심이 된다! 방에 짐을 내려놓고 홀가분한 마음으로 밖으로 나왔다. 크리스마스 시즌이라 그 어느 때보다 화려하다는 샹젤리제 거리를 얼른 보고 싶었다.

샹젤리제 역에서 지상으로 나오자마자 개선문이 보이고, 뒤를 돌아보니 끝을 가늠하기 어려울 만큼 길게 뻗은 거리가 펼쳐졌다. 그 길 양옆은 화려한 불빛을 입은 나무들로 수놓아져 입을 다물 수 없을 만큼 아름다운 자태를 뽐내고 있었다.

"헐!"

나도 모르게 짧은 감탄사를 내뱉고 5초간 정지화면처럼 서 있었다. 수없이 반짝이며 색깔이 변하는 불빛을 따라 내 눈도 쉴 새 없이 움직였다. 화려함도 화려함이지만 스케일이 상상을 초월했다. 혼자지만 열심히 사진을 찍고 가이드북에 나와 있는 식당을 찾아 홍합탕도 먹었다.

샹젤리제 거리를 좀 걷다 야경에서 빼놓을 수 없는 에펠탑을 보러 발걸음을 옮겼다. 크리스마스 시즌에는 화려한 불빛 쇼를 한다

는 말을 듣고 기분이 한껏 더 좋아졌다. 에펠탑에 빨리 불이 들어왔으면 좋겠다 생각하며 걸어가고 있는데, 곧 선물이라도 주듯 '짜잔!' 하고 불이 켜졌다. 에펠탑을 감싼 불빛은 한시도 멈추지 않고 움직이며 빛났다. 그 움직이는 불빛을 따라 내 시선도 위에서 아래로, 아래에서 위로 바삐 움직였다.

얼굴이 따끔거릴 만큼 바람이 차갑다는 사실도, 발이 시리다 못해 얼음장이 되어가고 있다는 사실도 잊은 채 그렇게 한참이나 에펠탑을 바라봤다. 멀리서도 보고 가까이 다가가 에펠탑 바로 아래까지 가서 또 한참을 올려다본 뒤에야 발걸음을 돌릴 수 있었다. 오랜만에 산타클로스에게 선물을 한 아름 받은 것처럼 기분이 황홀했다.

타이레놀 한 알의 의미

딸이 혼자 파리로 떠난 날, 쾰른에는 오후부터 또 눈이 내리기 시작했다. 컨디션이 완전히 회복되진 않았지만 오랜만에 친구와 외출을 하기로 했다.

눈길을 조심조심 걸으며 크리스마스 마켓을 둘러보고 백화점 구경도 하고 쾰른 대성당 내부도 조용히 둘러보았다. 전 세계 건축물 중 다섯 손가락 안에 꼽힌다는 어마어마한 규모부터 600여 년에 걸쳐 지어졌다는 역사까지 모든 게 놀라웠다.

내부 조각상, 스테인드글라스, 사제들의 관까지 성당 내부를 이렇게 자세히 본 건 처음이었다. 창마다 각기 다른 그림으로 정교하

게 장식된 스테인드글라스가 특히 인상적이었다.

독일의 한식당에 들러 느긋하게 식사를 하고 대성당 앞의 카페에 마주 앉아 티타임도 가졌다. 차를 마시기 전에 내가 약통에서 타이레놀을 꺼내 먹자 친구가 걱정스레 물었다.

"타이레놀을 그렇게 매일 먹어도 괜찮니?"

병원에서 처방받은 진통제가 런던 여행 때 떨어진 뒤로는 타이레놀만으로 버티는 중이었다. 나로서는 이 가벼운 진통제만으로도 내가 버틸 수 있다는 게 놀랍고 신기한 일인데, 친구 눈에는 매일 진통제를 먹는 것이 걱정스러웠던 거다.

맞는 말이다. 보통 사람들은 진통제 한 알도 어쩌다가, 정말 어쩌다 한 알 먹으면서도 몸에 해롭지 않을까를 걱정한다. 하지만 그 잣대로 보자면 나는 약에 대해 뭐라 설명할 말이 없는 사람이다.

20여 년 전부터 병원에서 처방받은 강한 진통제에 위장약과 근육 이완제를 매일 먹어야 했고, 몇 년 전부터는 신경안정제와 불면증 약까지 하루에 수십 알의 약을 밥처럼 먹어댔다. 그렇게 많은 약을 매일 먹어야 하는 사람이 있다는 것을 잘 모르는 사람이 그 많은 약들을 하나하나 끊는 고통을 어떻게 이해할 수 있을까. 아무리 친한 친구라 해도 나와 내 딸이 지나온 그 까마득한 고통의 시간을 헤아릴 수는 없으리라.

딸은 특별한 일 없으면 전화하지 않겠다고 했고, 있어도 아마 안 할 것이다. 파리에서 잘 지내고 있으려나? 모르면 혼자서 씩씩하게 잘 물으며 다닐 것이고, 잘 하고 다닐 것이란 걸 안다. 그래도 속으로 많이 불안할 텐데.

딸 없이 혼자 자려니 방이 너무 넓어 보인다.

에펠탑에 오르다

12월의 파리는 가혹하리만큼 추웠다. 무조건 에펠탑 꼭대기까지 올라야겠단 다짐을 하고 파리에 왔지만, 지독한 한파와 내리는 눈 때문에 살짝 갈등이 일었다. 그래도! 여기까지 와서 포기하면 나중에 후회할 것 같아 마음을 단단히 먹고 에펠탑으로 향했다.

에펠탑은 3층까지 오를 수 있는데, 오늘은 눈 때문에 엘리베이터를 운행하지 않는다고 했다. 1층과 2층까지는 걸어서 갈 수 있지만, 2층부터 3층까지는 엘리베이터로만 갈 수 있다. 아쉽긴 했지만 날도 추우니 1층까지만 올라가보기로 했다.

'그래! 걸어서 한번 올라가보자! 까짓것 1층쯤이야!'

Cineiffel
Cineiffel

하지만 오르고 올라도 끝이 없는 계단, 오를수록 거세지는 바람, 턱 끝까지 차오르는 숨. 대체 1층이 왜 이리 높은 거냐고!! 이렇게 고생스럽게 올라가는데 뭐 볼 만한 게 있긴 한 거야? 계단은 왜 이렇게 안 끝나지? 이러다 다리에 쥐나겠네, 파리에서 동상 걸려 가는 거 아니야? 혼자서 별별 생각을 다 하면서 오르다 보니 드디어 1층 전망대에 다다랐다. 그리고 눈앞에 펼쳐진 풍경이라니!!

'아, 역시 고생한 보람이 있구나!! 오르길 백번 천번 잘했어. 장하다, 예진아!!!'

그리 늦은 시간은 아니었지만, 겨울이면 해가 일찍 지는 유럽에서 어둑어둑해질 때 바라본 파리 시내. 한겨울의 스산함과 삭막함마저 감도는 풍경, 흩날리는 눈이 쌓이는 것도 아니고 녹는 것도 아니어서 곳곳에 흰 점들이 듬성듬성 보이는 풍경이었지만, 센 강을 중심으로 전망대 한 바퀴를 쭉 돌고 돌며 바라본 파리는 조용히 아무 말 없이 오래도록 바라볼 만큼 묘한 매력을 지니고 있었다. 찬란하고 예뻐서 어쩔 줄 모르는 그런 매력이라기보다, 한 마디로 정의 내릴 수 없는 묘한 매력이 공존하는 느낌이랄까. 기억 속에 마구 담고 싶은, 카메라로 마구 사진 찍고 싶은 '예쁨'보다, 긴 여운이 남을 것 같은 그런 묘한 매력 말이다.

어둠에 물들어가는 파리를 넋 놓고 바라보다 에펠탑 안을 내려다보니 반 층 정도 아래에 있는 장내 스케이트장이 보였다. 에펠탑 1층에 작은 스케이트장을 만들어놓고 시민들에게 개방하는 듯했다. 스케이트장에선 아이들이 신나게 스케이트를 타고 있었다.

재밌게 스케이트를 타는 아이들이 부러워 구경하고 있는데, 아빠와 함께 스케이트를 타는 여자아이가 눈길을 사로잡았다. 아직 스케이트가 서툰 딸의 손을 잡고 한 발 한 발 이끌어주는 아빠의 모습에, 갑자기 뭉클한 무언가가 가슴을 탁 쳤다.

다섯 살 때였을까, 뭐든 타는 걸 좋아하고 곧잘 하는 날 위해 아빠가 처음 스케이트장에 데려갔던 기억이 떠올랐다. 우리 아빠도 저렇게 나를 잡아 이끌어주었는데. 넘어질까 무서워 아빠의 손을 절대 놓지 않았던 어린 나, 아빠가 손을 놓으려고만 하면 "아빠, 아빠!"를 외치며 울먹거리던 나를 두 손 꼭 잡아 이끌어주던 아빠.

아빠는 지금 무엇을 하고 계실까?

아빠라는 뭉클한 존재

엄마와 단둘이 유럽으로 떠나오면서 그 어느 때보다 아빠 생각을 많이 했다. 나의 학교 문제 때문에 한국에 돌아오기로 결정했을 때, 아빠는 사정상 중국을 떠날 수 없어 엄마와 나만 먼저 귀국했다. 그때 생각으로는 아빠도 조만간 회사와 조율을 해서 한국으로 발령을 받아 오실 줄 알았다. 하지만 이듬해 내가 호주 어학연수를 결정했고 엄마가 동행하면서 우리 가족의 이별은 길어졌다. 아빠가 명절이나 휴가 때 한국이나 호주로 와서 우리와 시간을 보냈지만 일 년에 많아야 두세 번일 수밖에 없었다.

내게 아빠는 참 멋있는 사람이었지만 따뜻하거나 자상한 사람은 아니었다. 내 십년지기 친구들에게서 가장 부러웠던 단 한 가지는 바로 그 친구들과 아버지의 관계였다. 내 친구들은 아빠한테 스스럼없이 고민을 이야기한다고 했고, 이런저런 농담도 잘 한다고 했다. 그 이야기를 들었을 때 나는 "어떻게 아빠랑 그럴 수 있어?"라는 반응을 보였다. 그만큼 내겐 와 닿지 않는 이야기였다. 난 그때까지 단 한 번도 아빠와 농담을 해본 적도, 내 고민을 털어놓은 적도 없었기 때문이다.

나는 아빠와 조곤조곤 대화하는 것은 고사하고 말을 건네는 것 자체가 참 어려웠다. 아빠는 늘 단답형으로 답하거나 무덤덤한 반응을 보일 뿐이었는데, 그 반응이 참 무안하고 싫었다. 어른이 된 지금도 아빠한테 할 말이 있을 때는 수십 번 고민하고 미리 아빠의 반응을 예상해보는 등 마음의 준비를 하고 나서 말을 꺼낸다. 생각보다 아빠의 반응이 좋으면 다행이라 여기며 안도하고, 좋지 않아도 어차피 예상한 반응 중 하나이니 그러려니 하며 넘겨왔다.

그래서인지 아빠를 떠올리면 그리움과 애틋함, 원망과 서러움들이 한데 섞인 복잡한 감정이 들끓는다. 사실 아빠와의 거리감은 어렸을 때부터 서서히 자리했던 것 같다. 내가 누군가를 간절히 필요로 할 때 아빠는 한 번도 내 옆에 없었다. 엄마가 수술받는 동안 병원 복도에서 혼자 울 때, 아픈 엄마에게 잘 견뎠다고 위로하고 돌아서서 나 역시 잘 참아냈다는 위로가 간절히 필요했을 때 아빠의 자리는 늘 비어 있었다. 중국에서 회사를 다녀야 하는 상황, 매년 반복되는 엄마의 수술비며 입원비를 감당하기 위해서라도 더 열심히 일해야 하는 아빠의 상황상 어쩔 수 없었다는 걸 이해하지 못하는 건 아니다. 그럼에도 우연히 길거리에서 아빠 손을 잡고 가는 여자아이를 보면 아빠를 향한 그리움은 두 배가 되어 내 마음속에 고이곤 했다. 아빠도 마음은 그렇지 않을 거라고, 누구보다 미안해할 거라고, 난 괜찮다며 씩씩하고 속 깊은 딸인 척해왔지만 사실 서러운 순간이 참 많았다.

지난 1년 동안 엄마와 매일 죽을 것 같은 전쟁을 치르면서 아빠가 옆에 있어주길 간절히 바란 순간이 많았다. 나 혼자 감당하기 너무 힘들었기 때문에 조금만, 아주 조금만이라도 이 고통을 알아주는 누군가 있었으면 했다. 망설이고 망설이다 아빠에게 전화해서 엄마의 상태가 너무 심각하고 혼자 해결하기 힘들다고 말해도 아빠는 곁에서 지켜본 게 아니기 때문에 공감하기 어려워했다. 내가 진짜 원한 건 아빠가 와서 엄마의 문제를 정확히 인지하고 엄마

가 약을 끊을 수 있도록 나와 진지하게 이야기하는 것이었다.

"너 혼자 많이 힘들었겠구나. 엄마가 이 정도로 아픈 줄 몰랐다."

아빠에게 이런 공감과 위로를 받고 싶었다. 하지만 평생 다정다감하게 표현할 줄을 모르는 아빠는 미안한 마음을 다른 물질적인 것으로만 보상하곤 했다.

그런데 가만 생각해보니 나 역시 한 번도 아빠에게 진심을 다해 옆에 있어달라고 속마음을 얘기해본 적이 없다. 떼를 쓰기보다 참는 걸 먼저 배웠고, 내 마음보다는 아픈 엄마와 그 때문에 힘들어하는 아빠가 먼저였다. 어린 내가 보기에도 아빠는 아픈 엄마 하나만으로도 너무 힘들어 보였기에 나까지 보태선 안 되겠다는 생각뿐이었다.

그렇게 쌓인 것은 많고 풀어낸 것은 없으니 스스로 생각해도 참 무겁게 살았구나 싶다. 그렇게 굳어져버린 습관과 버릇은 성인이 된 이후에도 날 참 힘들게 했다. 진심을 전하는 것, 속마음을 털어놓는 것을 두려워하고 또 서툴기도 하다.

혼자 파리 여행 중인 딸이 걱정돼 전화한 아빠에게 "괜찮아. 걱정 마."라는 상투적인 대답밖에 못 했다. 다음에는 아빠랑 오고 싶다고, 내가 열심히 돌아다녀보고 잘 알아놔서 다음에 가이드해주겠다고, 아빠 많이 보고 싶다고 말하고 싶었지만 또 전하지 못했다.

그래도 참 다행인 것은 말로 표현하는 데 서툰 우리 부녀가 이메일로는 어느 정도 소통이 된다는 사실이다. 아빠가 간간이 글로나마 마음을 보여주고 표현해준 덕에 우리가 덜 멀어질 수 있었던 것 같다. 그리고 나도 한 해 한 해 겪으면서 예전보다는 아빠를 더 많이 이해할 수 있게 되었으니, 앞으로는 서로 더 가까워질 일만 남았을 거라 희망적인 생각을 해본다.

나의 어린 보호자, 딸

세상에 부당이익은 없다. 스스로 열심히 노력한 것만 내 것이 되고 그래야 당당할 수 있다고 생각하며 살았다. 그런 면에서 아픈 몸으로도 딸에게 최선을 다해왔다고 생각했는데, 이제 와 돌아보니 딸의 입장에선 그렇지 않았겠다는 생각이 든다.

어렵게 얻은 딸을 낳고 퇴원하며 나는 한 가지 결심을 했다. 무슨 일이 있어도 딸은 내 손으로 키우겠다는 것, 몸이 아프고 힘들어도 내 곁에서 떨어뜨리지 않겠다는 것이었다.

인공관절 수술을 하면 앉았다 일어날 때 늘 조심해야 한다. 특히나 아이를 키우는 엄마라면 더더욱 조심해야 하지만 그렇게 내 몸 살살 아끼면서는 아기를 제대로 키울 수 없었다. 쭈그리고 앉아 아기 목욕시키고, 안아서 재우고, 일어나 청소하고 살림하는 그 모든 과정이 다리에는 무리가 가는 일이었다. 건강한 엄마들도 제일 힘들어한다는 백일 때까지 나도 열심히 아이에게 집중하고 최선을 다해 키웠지만 결국 4개월 접어들 무렵 수술 자리에 염증이 생기고 말았다.

병원에서는 3개월 동안 입원해 전신 깁스를 하고 염증 치료를 해야 한다고 했다. 이미 결혼 전 3개월의 전신 깁스 경험이 있기에 또 할 엄두가 나지 않은 것도 있지만, 이제 갓 백일을 넘긴 딸을 다른 사람에게 맡겨야 한다는 게 더 힘들었다. 3개월 내내 한 집에서 맡아주기엔 다들 상황이 여의치 않아서 딸은 이모네 집과 고모네 집을 정기적으로 옮겨 다니며 지내야 했다.

퇴원하던 날, 언니가 딸을 데려왔다. 그런데 이모가 돌아가려고 하자, 잘 놀던 아이가 갑자기 서러운 울음을 터뜨리며 떨어지지 않으려 발버둥치는 게 아닌가! 그 모습에 가슴이 미어져 나도 펑펑 울었다.

아이는 내가 낯설었는지 며칠 동안 딱딱한 말똥 변만 보며 적응을 못 하다가 한참 후에야 안정을 되찾았다. 3개월간 이 집 저 집 전전하며 마음이 얼마나 불안하고 혼란스러웠을까 생각하니 가슴이 찢어질 듯 아팠다. 그래서 앞으로는 무슨 일이 있어도 아이를 떼놓지 않겠다고 굳게 마음먹었다.

그런 결심 때문에 딸아이가 열 살을 넘긴 뒤부터는 입원해서 수술과 치료를 받을 때마다 딸과 함께 병원 생활을 했다. 어린 아이에게 병원 생활이 쉽지 않다는 건 알았지만, 중국에 두고 오면 하루 종일 빈집에서 아빠를 기다리며 혼자 있어야 하기에 어쩔 수 없는 선택이었다.

수술 날짜가 잡히면 둘이 조용히 한국에 들어와 큰일은 간병인 아주머니에게 맡기고 다른 소소한 일은 딸의 도움을 받아 치료를 받고 돌아갔다. 병도 하루 이틀이어야 형제나 친척들에게 도움을 청할 텐데, 이건 대수술만도 몇 번이고 매년 염증 재발로 재수술을 하는 형편이니 그때마다 알릴 수도 없었다.

다른 이들에게 폐를 끼치지 않으려고 조용히 귀국해 입원을 하다 보니, 내 옆에 남는 보호자는 어린 딸밖에 없었다. 아픈 엄마 때문에 어쩔 수 없이 나이보다 빨리 성숙해져버린 내 딸. 누워 있는 나를 대신해 소소한 일부터 제법 큰 집안일의 처리까지 딸이 도맡

le
restaurant

았다. 한 번만 설명해주면 신중하고 꼼꼼하게 잘 해내는 딸의 모습에 칭찬만 했지 그 어린 나이에 어른의 일을 대신 해내는 딸의 속마음을 이 못난 엄마는 잘 헤아리지 못했다. 티 내지 않기 위해 애쓰지만 어쩔 수 없이 밀려드는 불안함과 부담감을 혼자 떠안아야 했으니 얼마나 힘들었을까.

길지 않은 시간이지만 파리로 여행 간 딸과 떨어져 혼자 곰곰이 생각해보니, 그동안 내가 딸을 떼놓지 않은 게 아니라 딸이 내 옆에서 떠날 수가 없었던 것 아닌가 하는 생각이 들었다. 지금 딸이 씩씩하게 혼자만의 여행을 갈 수 있었던 것도, 내 옆에 믿을 만한 친구가 있기 때문일 것이다. 만약 딸과 단둘이 유럽으로 여행을 왔는데 내가 컨디션이 좋지 않아 쉬어야 했다면, 아무리 아쉬워도 딸이 혼자 파리 여행을 갈 수는 없었겠지. 잠시 나 혼자 숙소에서 쉬고 있어도 되는데 딸은 그렇게 하지 못했을 것이다. 비단 여행의 문제만이 아니라, 어쩌면 나의 삶 전체가 그렇게 딸에게 빚을 지고 있는 것일지도 모른다는 생각을 하니 마음이 아팠다. 그리고 평생 느껴온 것보다 더 많이 딸에게 미안하고 고마웠다.

어디든 늘 붙어 다니는 모녀 사이지만 사실 우리는 속 깊은 말은 잘 못하는 성격이다. 기분 좋을 때는 세상에 둘도 없는 친구처럼 장난 치고 수다 떨고 웃고 떠들지만, 진짜 힘든 문제나 속에 눌러두고 있는 것들을 꺼내놓고 이야기하는 것엔 서툴다. 하지만 딸이 파리에서 돌아오면 이런 내 마음을 꼭 전하고 싶다. 그리고 딸이 원하는 것에 대해서도 이야기를 많이 나눠야겠다는 생각이 든다. 여긴 여행지니까!!

아비앙또, 파리!!

파리에서의 마지막 날. 에펠탑 등반의 여파로 온몸에 근육통이 느껴졌지만, 기차 출발 전까지 시간이 좀 남아서 퐁피두센터를 구경하고 근처 커피숍에서 잠시 쉬기로 했다.

커피를 몇 모금 마셨을 때 예닐곱 살밖에 안 돼 보이는 꼬마가 대뜸 종이를 들이밀면서 서명을 해달라고 했다. 그런 식으로 접근하는 소매치기가 많다고 들었던 터라, 미안하다는 말만 건네고 다시 책을 보기 시작했다. 아이도 알았다며 쿨하게 그냥 가기에 나는 아무 의심도 하지 않았다.

그런데 뒤에 앉아 있던 외국인이 다가오더니 "뭐 잃어버린 것 없어요?" 하고 물었다. '뭐지? 없는 것 같은데?' 생각하며 둘러보니 테이블 위에 놓아두었던 휴대폰이 보이질 않았다. 나도 모르게 "아이폰!"이라고 외쳐놓고는 놀라고 당황해서 우왕좌왕하자, 외국인이 대뜸 달려 나가는 것이었다. 나도 뒤따라 쫓아 나갔다.

꼬마는 도망가지도 않고 태연하게 걸어가고 있었다. 외국인 아저씨가 그 아이를 붙잡아 돌려세우고 보니 한 손에 내 휴대폰을 들고 있었다. 아저씨가 뺏어서 내게 돌려주는데도, 그 아이는 아무렇지 않다는 듯 별다른 반응도 없이 또 제 갈 길로 향했다. 그 모습이 너무 어이없고, 자기 일처럼 나서서 휴대폰을 찾아준 외국인이 너무 고맙고, 순식간에 일어난 상황에 놀라 정신이 반쯤 나간 상태로 커피숍으로 돌아왔다.

마음을 가라앉히고 생각하기 시작했다.

'외국인에게 어떻게 감사 인사를 해야 하지? 고맙다는 말만 하기엔 내 마음이 안 편한데.'

가진 돈도 많지 않았고, 유럽 문화는 어떤 식으로 사례를 하는지 아는 것이 없어서 그냥 내 방식대로, 내가 할 수 있는 최선의 방법으로 감사를 표현하기로 했다. 커피숍에서 파는 조각 케이크를 종류별로 포장해서 드리며 '정말 고마웠다. 감사한 마음을 표현하고 싶은데, 약소하지만 받아달라.'고 하니 오히려 자기가 고맙다며 환한 웃음으로 답해주던 아저씨! 휴대폰은 경제적 손실보다는, 그 안에 담겨 있는 수많은 사진과 글, 그리고 추억들 때문에 소중한 것인데 그것을 잃을 뻔했으니…. 이 아저씨 아니었으면 어쩔 뻔했나 생각하니 아찔했고, 어디선가 수호천사가 나를 지켜준 덕인 것 같아 마음이 뿌듯하기도 했다.

파리에서의 마지막 해프닝을 해피엔딩으로 마무리하고 파리 동역으로 향했다. 기차가 지연되는 바람에 예상 시간보다 한참이나 늦게 쾰른에 도착해 엄마를 보니 온몸이 조각조각 부서지는 듯 힘이 풀렸다. 혼자라는 점 때문에 긴장을 늦추지 않으려고 바득바득 애를 쓰고 있다가 한꺼번에 그 긴장이 와르르 무너져 내린 것이다. 이러니저러니 해도, 엄마 품이 제일 좋구나, 좋아.

그때는 최선인 줄 알았는데

파리에서 돌아오자마자 호된 몸살감기를 앓았다. 열이 끓고 온몸이 흠씬 두들겨 맞은 것처럼 아파 사흘이나 정신을 잃고 끙끙 앓았다. 가끔 눈을 뜰 때마다 손을 꼭 잡고 나를 내려다보는 엄마의 걱정스런 표정에 괜찮다고 웃어 보이고 싶었지만, 뜻대로 되지 않았다. 나는 어릴 때부터 약을 조금만 먹어도 가슴이 뛰는 체질인데, 해열제에 진통제가 섞인 감기약을 먹었으니 아무리 정신을 차리려 해도 자꾸 잠에 빠져들 수밖에 없었다.

내가 그렇게 약에 취해 있는 동안, 지난 1년 엄마가 이런 상태였겠구나 하는 생각이 어렴풋이 들었다. 단순히 비교한다는 건 말이 안 되지만, 몸이 견딜 수 없이 아프고 약 때문에 의식이 조절되지 않는 상태를 약하게나마 내가 경험하고 있지 않은가.

엄마는 평생 약을 먹어온 사람이지만 그 약 때문에 이런 문제에 빠질 거라고는 나는 물론 엄마도 짐작하지 못했다. 시작은 중국에서 먹던 독한 수면제를 끊기 위해 대체한 한국 수면제에서 비롯되었다. 한국 약은 중국 것보다 훨씬 약해서, 하루에 한 알로는 통증을 가라앉힐 수 없었다. 그래서 처음엔 두 알 정도를 먹었는데 그 수가 조금씩 늘어나기 시작했다. 나는 걱정이 되었지만 "괜찮아. 엄마는 이보다 더 독한 약도 먹어봤고, 더 많은 양도 먹어봤어. 이 정도는 아무것도 아니야."라는 엄마의 말을 철석같이 믿었었다.

그러던 어느 날, 엄마가 소파에 앉아서 허리가 바닥에 닿도록 꺾이는 것도 모른 채 졸고 있었다. 이상한 느낌에 엄마를 흔들어 깨웠다.

"엄마, 왜 여기서 졸고 있어? 그렇게 자면 허리 안 아파?"

"응? 얘가 무슨 소리야? 내가 언제 졸았어? 하나도 안 졸린데 내가 왜 졸아?"

분명히 봤는데 엄마는 아니라고 우겼다. 화까지 내면서. 나중에 알고 보니, 엄마는 진통제뿐 아니라 불면증 때문에 처방받은 수면제와 신경안정제의 양도 조절하지 못하고 점점 늘려가고 있었던 거였다. 약물 영향으로 감정 조절까지 안 되어서 예전에 비해 화와 짜증도 늘어났다.

뭔가 잘못되고 있다고 느껴지기 시작했다. 조는 건 일상이 되었고, 어느 날은 냉장고에 있던 두부를 밥솥에 넣어놓기도 하고 렌지에 아무것도 올리지 않은 채 가스 불을 켜놓기도 했다. 이러다가는 무슨 일이 나도 크게 날 것 같은 두려움이 엄습해오면서 적극적으로 엄마를 말리고, 약에 대해 알아보기 시작했다. 엄마의 담당의를 찾아가 엄마의 증상이 심각하다는 것을 전하고 신경안정제를 처방해주지 말라는 부탁까지 했다. 하지만 갑자기 약을 끊으면 부작용이 있을 수 있다는 말에 천천히 줄여보기로 했다.

엄마가 먹는 약의 양을 통제하기 위해 진통제든 안정제든 약은 모두 내가 가서 받아 왔고, 매일 정량만 엄마에게 드리는 식으로 했지만, 이미 약물에 중독된 엄마는 부족한 약을 찾아 내 방을 뒤지거나 숨겨둔 약을 찾아 입에 털어 넣었다. 그러면 나는 약을 모조리 변기에 버리고 엄마는 울부짖으며 나를 비난하고…. 그 끔찍한 일이 계속 반복되었다.

아무리 윽박지르고 설득하고 설명하고 매달려도 안 될 만큼 약을 끊는다는 일은 참으로 고통스럽고 어려운 일이었다. 호주 유학을 접고 한국에 돌아온 나는 진로 때문에 머리도 복잡하고 예민해져 있었기에 엄마와의 갈등을 계속 견뎌내기가 힘들었다. 출구 없는 미로에 갇힌 기분이었다. 그러다 결국은 엄마 약을 다 털어 넣고 병원으로 실려가는 몹쓸 짓까지 하게 되었던 것이다.

그때는 그렇게 하는 게 최선이라고 생각했다. 그렇게 될 수밖에 없었던 엄마의 속사정을 들여다보기보다 내 눈에 비치는 엄마의 모습에 화가 나서 참을 수가 없었다. 사실 엄마는 나보다 더 여리고 예민한 사람인데, 그 여린 속에 얼마나 많은 생채기가 났는지는 들여다볼 줄 몰랐으니. 런던의 커피숍에서 엄마가 속마음을 내비쳤을 때 비로소 왜 그토록 약을 놓지 못했는지, 뭐가 그렇게 두렵고 힘들었는지 조금이나마 이해할 수 있었다.

사실 엄마는 누구보다 낙천적이고 밝은 성격이었기에 우울증이 올 거라곤 전혀 생각지 못했었다. 하지만 돌이켜 생각해보니 밝은 척 털어내려 했을 뿐 세상으로부터 받은 상처가 은연중에 엄마 속에 계속 쌓여왔던 듯했다. 불편한 다리 때문에 수없이 겪었던 승차 거부부터 가슴에 비수가 되는 말들, 가까운 사람들의 무시, 세상과 사람으로부터 단절된 듯한 거리감 등등. 게다가 10여 년 떠나 있던 한국에서 새롭게 적응하는 일도 엄청난 스트레스 요인이었다. 그 모든 것을 잊고자 수면제를 먹고, 집 안에만 있다 보니 답답한 마음을 우울증 약에 의존했던 것이다.

내가 엄마 약을 끊게 하기 위해 한 행동들이 나만의 방식이었고 옳지 않았던 것처럼, 엄마도 처음부터 자신이 이렇게까지 나빠질 줄은 몰랐고, 엄마의 방식이 잘못된 줄 몰랐던 것이다. 내 방식이 잘못되었다는 걸 깨달은 후 비로소 엄마 역시 그런 게 아닐까, 라는 생각을 하게 되었다.

"다시 생각해도 끔찍해. 맨날 이번이 마지막이라고, 끊을 거라고 하고 며칠 지나면 다시 약 먹고 졸고 있고. 어우, 생각만 해도 가슴이 탁 막힌다."

"네가 그때 얼마나 모질었는지 알아? 착한 딸이 다 뭐야. 독하기가 아주…"

"내가 누구 때문에 그렇게 됐는데. 엄마가 날 독하게 만든 거야."

“냉정할 땐 또 얼마나 찬바람이 부는지. 약 싹 뺏어서 변기통에 갖다 버리면서 소리 지를 땐 어우, 무섭더라. 야.”

“난 그렇게 할 수밖에 없었어. 안 그러면 엄마를 잃을지도 모른다는 생각이 들어서…. 나 그때 얼마나 무서웠는지 알아, 엄마? 정말 너무너무 무서웠어. 엄마 잘못되면 나 혼자, 어떡해. 모질고 독하고 못되게 굴어서라도 엄마를 살려야 한다고 생각했어.”

“그래…. 지금이야 다 이해가 되지만 그땐 참 나 힘든 것도 몰라주는 딸이라 생각하면서 얼마나 원망했는데…. 생각해보면 그것도 다 약기운 때문에 화가 자꾸 치밀어서 그런 것 같애. 그치?”

“아… 근데 파리 감기 왜 이렇게 독해? 벌써 사흘짼데 그대로인 거 같애.”

“많이 아파? 어디 봐. 아이구, 열나네. 감기약 먹고 얼른 자자.”

“아, 엄마랑 누워서 더 얘기하고 싶은데. 그때 엄마가 나한테 잘못한 거 더 얘기해야 되는데….”

“으이그! 그만하고 얼른 약 먹고 자! 지지배.”

“지지배라고 하지 마. 나도 아줌마라고 할 거야.”

마주할 용기

오늘은 크리스마스이브. 유럽에서 크리스마스를 보내게 되다니. 게다가 오늘은 이모네 교회에서 매년 하는 크리스마스 콘서트도 볼 수 있단다. 음악의 도시로 불리는 쾰른에서, 그것도 전공자들의 연주와 노래를 교회에서 들을 수 있다니 행운이 아닌가.

온기와 축복이 가득한 찬양을 듣고 한동안 기도하는 시간이 있었다. 평소처럼 기도를 하고 있는데, '회개' 라는 단어를 듣는 순간 눈물이 왈칵 쏟아지며 가장 힘들었던 순간이 떠올랐다.

수많은 순간들이 스쳐 지나갔지만, 나 스스로 가장 후회되고 가장 아팠던 순간은 엄마 앞에서 엄마의 약을 모조리 입에 털어 넣고 울부짖던 순간이었다.

"어떻게 되는지 한번 봐! 난 이제 도저히 못 해!"

결국 그 일에 충격을 받은 엄마는 스스로 약을 끊기 위해 노력하기 시작했지만, 내 방법이 너무 어리석었다는 사실이 두고두고 죄책감을 남겼다. 엄마에게 미안하다고, 잘못했다고 말하고 싶었지만 이후 우리는 그 일에 대해 한 번도 이야기를 나누지 않았다. 그 순간을 떠올리는 것만으로도 너무 고통스러웠기 때문이다.

하지만 유럽 여행을 통해 조금씩 변하는 엄마를 보며 무거웠던 내 마음도 조금은 가벼워졌는지 다시는 떠올리고 싶지 않던 그때를 생각하며 기도했다. 정말 잘못된 행동이었다고, 너무 어리석었다고, 잘못했다고. 소리도 없이 눈물만 뚝뚝 흘리고 있는데, 슬며시 내 손을 잡는 엄마의 손이 느껴졌다. 엄마의 따뜻한 손이 '괜찮아, 다 이해해.'라고 말하는 것 같아 울컥 더 큰 울음이 솟구쳤다. 엄마도 울고 있다는 게 손을 통해 느껴졌다.

우리 모녀에게 지난 1년의 무게는 그만큼 무겁고 아프고 힘겨웠다. 누구에게 털어놓기도 쉽지 않았던 게 일일이 이 모든 일을 설명할 수도 없었고, 얘기한들 이해해줄 사람이 얼마나 될까 하는 생각 때문이었다. 원망스러울 때마다 왜 나만 이렇게 아프고 힘든 거냐고 했지만 사실 세상 사람 모두 저마다의 아픔이 있고 사연이 있다는 걸 머리로는 잘 알고 있었다. 어차피 내가 짊어져야 할 몫이라고 생각했기에 털어놓는 게 무슨 소용인가 싶었다.

하지만 지금은 무조건 혼자 끙끙 앓는 게 잘한 일은 아니란 생각이 든다. 세상 사람 저마다의 아픔과 사연이 있기에 내가 생각한 것 이상으로 이해해줄 수 있고 같이 아파해줄 사람이 분명히 있다는 것, 거절에 대한 두려움은 누구나 갖고 있고 그걸 깰 수 있어야 비로소 '우리'가 될 수 있다는 것을 알게 되었기 때문이다.

때론 잘못되고 어리석은 선택을 하면서 지독히도 외로운 싸움을 하면서 남은 건 아픔과 고통뿐이라고 생각했지만, 많은 깨달음도 남아 있다는 걸 이번 여행을 하면서 알게 됐다. 내 손을 꽉 잡은 엄마 역시 잃은 것만큼 그 자리에 새로 채워진 것이 있다는 걸 알지 않을까. 그랬다면 됐다. 그랬다면 이번 여행은 아주 잘한 선택이다. 엄마와 손을 꼭 잡고 한동안 그렇게 눈물 흘리며 오랫동안 기도를 했다.

엄마, 이제 행복해도 돼

크리스마스 주일을 보내고, 새로운 한 주가 시작되었다. 이번 주는 한 달여의 일정을 마치고 한국으로 돌아가는 주! 그동안의 고마움을 전하기 위해 이모네 식구를 모시고 평소 즐겨 가신다는 스테이크 집에 가 식사를 대접했다. 15년 만에 만났음에도 흔쾌히 방을 내어주시고 편히 있을 수 있도록 배려해주어 우리 모녀에게 얼마나 큰 힘이 되었는지 모른다. 가장 친했던 친구이기에 엄마는 더 편히, 더 즐겁게 있을 수 있었고, 그런 엄마를 보며 나도 마음 놓고 유럽에서의 시간을 즐길 수 있었다.

식사 후 이모님과 목사님은 볼일을 보러 가시고 엄마와 나는 커피숍으로 갔다. 가슴에서 꿈틀거리는 이야기들이 많은데 왠지 한국에 가면 쉽게 꺼낼 수 없을 것 같아서 떠나기 전에 엄마와 이런 저런 속 얘기를 나누고 싶었다.

"엄마, 기분이 어때? 집에 가서 좋은 게 더 커, 여행 끝나서 섭섭한 게 더 커?"

"당연히 집에 가는 게 좋지. 여기서 할 수 있는 만큼 재밌게, 행복하게 지냈잖아. 이제 한국에 가서도 이렇게 밝게 지낼 수 있을 거야."

"그러면 정말 고맙지!! 엄마가 예전처럼 밝고 활달해지면 내가 마음 놓고 글 쓸 수 있을 것 같아."

"그래. 그동안 마음이 지옥이었으니 글이 써졌겠어? 미안해."

"아니, 엄마 탓을 하려고 말하는 게 아니라, 엄마도 이제 힘이 생긴 것 같아서 말하는 거야. 엄마도 내가 작가로서 잘 살기를 바라잖아."

"누구보다 바라고 누구보다 응원하지. 엄마가 밀어주지는 못할망정 네 발목을 붙잡지는 말아야지."

"엄마는 내 발목 잡은 적 없어. 다 내가 열심히 안 해서 그런 거지. … 그런데 엄마, 정말 내가 작가가 될 수 있을까?"

"그럼. 당연히 될 수 있지. 왜, 자신 없어?"

"자신이 없다기보다, 아카데미 다녀보니까 방송작가에도 분야가 정말 많잖아. 그런데 내가 진짜로 원하는 분야가 어느 분야인지, 적성에는 잘 맞을지, 이런저런 생각이 많이 들어."

"응, 그랬구나."

"사실, 내가 하고 싶다고 다 되는 것도 아니잖아. 작가 되는 게 그렇게 쉬운 것도 아니고. 진짜 하고 싶은데 안 될까 봐 사실 겁이 많이 나."

"네가 정말 하고 싶은 일이잖아. 그럼 잘 될 거야. 그만큼 열심히 노력할 테니까 잘 될 수밖에 없지!"

그동안 한 번도 엄마에게 내가 하고 싶은 일에 대해 겁이 난다고, 고민이 많다고 이야기해본 적이 없다. 어차피 내가 알아서 해야 할 일이고, 내가 감당할 몫이고 내가 견뎌야 하는 일이기 때문에도 그랬지만, 엄마에게 나마저 힘들다는 이야기를 할 수가 없었다. 안 그래도 불안하고 툭 건드리기만 해도 모래성처럼 부서질 듯한 엄마의 마음에 걱정까지 얹어놓고 싶지 않았다.

"근데 왜 그런 고민들 한 번도 엄마한테 얘기 안 했어?"

"그냥…. 아니, 솔직히 말하면 엄마가 내 얘기 들어줄 정신이 없

STARBUCKS COFFEE
STARBUCKS COFFEE

었잖아. 엄마가 내 걱정까지 하면, 더 나빠질까 봐 무서워서 말 못 했지."

"이 어미가 문제구나. 어미라는 게 정신도 못 차리고 딸이 무슨 고민하는지도 모르고."

"좀 찔리기는 하십니까?"

"엄마는 늘 찔리지. 늘 미안하고."

엄마에게 미안하단 말을 들으려고 한 말은 아닌데. 괜히 얘기했나 싶으면서도 한 번쯤 이런 이야기를 주저하지 않고, 걸러내지 않고 털어놓고 싶기도 했다. 그 누구에게도 말하지 않았고, 말할 필요도 없다고 생각했지만 한 명쯤은 내 고민을 십이 이해해주고 들어줬으면 했다. 그리고 그 사람이 엄마이길 바랐다.

"엄마, 나 파리에 갔을 때 엄마하고 같이 왔으면 정말 좋았겠다는 생각 진짜 많이 했어."

"진짜? 그렇게 예쁜 소릴 왜 이제 해? 몸살 때문에 다 까먹고 있다가 이제 기억이 난 거야? 호호호. 좀 닭살이긴 한데, 나도 너 없이 혼자 자려니까 그 추운 방이 더 춥고, 엄청 넓게 느껴지고 그렇더라. 호호호."

"아휴, 우리 오늘 진짜 닭살이긴 하다, 그치? 근데 엄마, 우리 진짜 다음에 유럽 다시 오자. 이번에 못 본 데 다 가보게."

"유럽 오기가 그렇게 쉽니? 이렇게라도 다녀가는 게 어디야."

"아니야. 꼭! 꼭! 꼭! 다시 올 거야. 그리고… 그때는 아빠도 같이할 수 있으면 좋겠어."

"… 그게, 되겠니? 직장 다니는 사람이 시간을 어떻게 내?"

사실, 아빠 얘기까지 꺼내게 될 줄은 몰랐다. 처음이라 해도 좋을 만큼 엄마와 속을 다 털어놓고 진지한 이야기를 아주 편하게 나누다 보니, 내친 김에 아빠 얘기도 하고 싶어졌던 것 같다.

"솔직히… 시간 내는 게 어려워? 마음 내는 게 더 어렵지. 사실은, 파리에 있을 때 아빠한테 안부 전화 왔었어. 서로 별 얘기는 없었는데, 그래도 아빠가 전화해줘서 속으로 참 좋았어. 나 파리에 혼자 간 거 알고 걱정되니까 시차 계산해서 전화한 거잖아. 아빠도 노력하고 있는 것 같애."

엄마 얼굴에서 환하게 빛나던 미소가 걷히고 옅은 그늘이 내려앉았다.

"예진아, 아빠하고 나는 죽을 때까지 네 부모야. 지금까지 그랬던 것처럼 아빠는 너에게 최선을 다할 거야. 다음에 기회가 되면,

그때는 아빠하고 너 둘이서도 여행 한번 해보면 좋을 것 같아. 어릴 때부터 나 때문에 아빠하고 시간을 보내지 못했잖아."

호주에서 한국으로 온 뒤 언젠가부터 엄마와 나의 대화에서 아빠가 사라졌었다. '아빠한테 전화 왔었어.' '아빠가 어떻게 어떻게 하래.' 하는 정도의 이야기는 오갔지만, 아빠가 우리와 '함께' 사는 문제에 대해서는 엄마도 나도 밖으로 꺼내놓고 말하지 못했다. 엄마와 아빠 사이가 점점 멀어지고 있다는 걸 나도 느꼈기 때문일 것이다. 두 분이 엄청난 트러블을 겪었거나 다툼이나 문제가 있었던 건 아니다. 그냥… 내 눈에는 나보다 먼저 아빠가 지쳐서 그런 것 아닐까, 생각만 할 뿐이었다.

아빠와 떨어져 엄마와 둘이 시간을 보내다 보니, 아빠가 그동안 엄마의 옆자리에서 얼마나 힘들었을지 하나둘 깨달을 수 있었다. 엄마의 보호자 역할이 온전히 내 몫이 되고 나니 느껴지는 것들. 아무리 가족이지만 때론 너무 벅차고 지칠 때, 그 힘든 순간들이 반복될 때, 때론 너무 억울한 느낌이 들 때, 너무너무 외로울 때, 언제 끝날지 앞이 보이지 않을 때 등등. 내가 느끼고 나서야 비로소 아빠가 아픈 엄마를 바라볼 때 어떤 심정이었을지 알 것 같았다.

당연히 아빠가 감당해야 할 몫 아니냐고, 어떻게 그렇게 이기적일 수 있느냐고 아빠에게 퍼부은 적도 있었다. 아픈 엄마의 옆자리를 지키기 위해 아빠가 얼마나 많은 것들을 포기할 수밖에 없었는지는 헤아리지 못한 채. 아빠가 참고 견뎌온 그 많은 시간은 내가 감히 헤아릴 수도 없는 것일 텐데…. 어느 순간 그런 생각이 들자 더 이상 아빠를 원망할 수가 없었다.

"엄마… 난 엄마가 이제 행복해졌으면 좋겠어. 어떤 선택을 하든, 엄마는 지금까지보다 더 행복할 자격이 있으니까. 하하하. 그런데 이런 말, 진짜 어색하다. 하하하."

마치 미리 준비한 연극 대사처럼 후다닥 내뱉은 그 말은 내 진심이었다. 아직은 철없고 제 앞가림도 못하는 딸이지만 엄마가 진짜진짜 행복하길 바란다는, 그 말을 꼭 하고 싶었다.

모두에게 감사하는 삶

딸이 샤워를 하는 동안 내일 돌아갈 짐을 꾸리기로 했다. 내가 걷는 게 편치 않으니 짐은 몽땅 딸의 차지라 올 때도 줄이고 줄여서 싸 왔지만 겨울옷이 모두 부피가 큰 탓에 두 캐리어가 불룩했었다. 그새 줄어든 거라고는 수분팩, 체력 보충하려고 가져온 홍삼즙, 친구 줄 선물 정도? 런던에서 예쁘다고 산 작은 소품들과 딸이 파리에서 산 것들이 더 늘어 내 가방에도 딸 물건을 쑤셔 넣는 중이었다.

"엄마, 이건 구겨지면 안 되니까 옷으로 잘 감싸서 넣어줘."

딸이 샤워하러 가기 전에 내게 신신당부하며 맡긴 작은 선물상

자. 파리에서 아빠 주려고 산 기념품인데, 친구들에게 줄 것은 그냥 비닐 포장지에 담아두었으면서 아빠 것만 상자에 담아 포장까지 해두었다. 비싼 건 아니겠지만, 이렇게라도 마음을 전하고 싶었나 보다. 딸이 제 아빠에게 무뚝뚝하고 살갑진 않아도 이렇게 애정 표현을 하려 노력하는 게 참 고맙게 느껴졌다.

오후 햇살이 포근히 내려앉은 찻집에서 딸과 보낸 시간. 평소에 하던 일상적인 수다에서 시작해 딸이 마음속에 품고 있던 고민과 아빠에 대해 제 나름대로 정리한 생각들까지 다 나누었던 참 소중한 시간이었다. 어딘가로 떠나왔다는 그 사실이 우리의 마음을 이렇게 열게 한 것일까?

이 여행을 통해 평소 늘 생각은 했지만 못 했던 말들을 아주 자연스럽게 하게 되었고, 좋은 곳에 와서 여유로워진 마음 덕분에 아무 부담 없이 말하게 되어 둘 다 좋았던 것 같다. 늘 미안하고 고맙지만 표현할 수 없었던 말들을 여행을 통해 전할 수 있으니 얼마나 다행이고 얼마나 감사한 일인가.

온 세상이 다 새롭고 감사하고 더 이상 행복할 수 없을 것 같은 시간을 보내면서 미안하고 고마운 사람, 남편을 생각했다. 딸은 제 아빠가 무뚝뚝하고 정 없는 사람인 줄 알지만, 그도 예전엔 세상에서 가장 다정다감하고 부드러운 사람이었다. 게다가 사랑 하나만 믿고 나와 결혼하겠다고 나설 만큼 배짱도 두둑했었다. 우리 집에서는 나에게 결혼은 생각도 말고 혼자서 살아갈 공부나 열심히 하라며 강하게 나를 다짐시켰지만, 난 나를 이해하고 사랑해주는 사람을 만나면 단칸방에서도 예쁘게 꾸며놓고 서로 격려하며 성실하게 잘 살 수 있을 것 같았다. 그래서 그가 청혼했을 때도 기쁜 마음으로 받아들였다.

그러나 우리 집은 반대가 대단했다. 아무것도 모르고 둘이서 어떻게 모든 것을 감당할 수 있겠느냐, 수술한 몸이라 체력적으로도 힘들 테고 아픈 사람과 함께 살면 남자가 사회생활 하는 데 힘든 일이 많다며 쉽게 생각하지 말라고 온 식구가 나서서 반대를 했다. 남편 집보다 우리 식구들이 더 뜯어말린 셈이다. 하지만 그는 자신만만한 태도로, 내 부족한 것 모두 자신이 책임지고 채워줄 수 있다고 양쪽 집을 설득했다. 말도 별로 없는 친구가 사람 좋게 웃으며 확고한 뜻을 이야기하니 완강히 반대하던 양쪽 집안도 조금씩 누그러지기 시작했다.

살아보지 않고, 경험하지 않고도 넘치는 의욕과 자신감으로 가득했던 시절. 거기에 그 전부를 다 감싸 안을 수 있는 사람이 있었기에 겁 없이 용기 낼 수 있었던 시절. 그때는 우주 전체가 나를 위해 돌고 있다는 생각이 들 정도였다.

그렇게 시작했다. 결혼 인연은 따로 있다고, 전혀 예기치 않게 가까운 친구가 남편이 된 것이다. 나의 쉽지 않은 육체적 악조건을 받아들이고 잘 살 수 있다고 자신 있게 용감하게 결혼까지 한 남편. 오직 사랑 하나로 가능했던 결혼이다.

걱정과 우려는 왜 그리 예측대로 잘 맞아떨어지는지. 왜 슬픈 예감은 틀리지 않는지. 우리는 결혼해서 임신하고 아이를 낳고 몇 년 동안, 짧다면 짧지만 감격스러울 만큼 참 행복했다. 아무도 기대하지 않았던 내 몸이 생명을 잉태하고, 또 힘들었지만 열 달 동안 그 생명의 신비함을 느끼며 희망만 가득했던 때. 남편의 자상함과 행복한 보살핌은 하루하루 지나는 것이 아쉬울 만큼 행복했고 감사했다.

이 시간들은 후에 희망 없이 괴로운 시간들을 견디게 해주었고, 힘들 때마다 조금만 견디면 행복했던 그때로 돌아갈 수 있을 거라는 희망의 끈이 되어주었다. 그럴 정도로 살면서 가장 행복했던 시간들이었다.

하지만 몇 년의 행복한 생활 후 끊임없이 이어진 많은 수술과 그로 인한 여러 일들 때문에 결혼 생활은 참 힘들어졌다. 잦은 수술로 인한 나의 부재, 그럴 때마다 혼자 있는 날이 많았던 남편. 모든 것이 내가 우선이었던 시간들. 말로 다 설명할 수 없는 결혼 생활. 20년이 넘는 세월 동안 평범한 직장인이었던 남편은 수술비 대느라, 또 딸마저 내 간호 때문에 늘 곁에 없어서 아픈 나 못지않게 외롭고 힘든 시간을 보냈다. 그 시간을 어찌 내가 다 이해한다고 말할 수 있을까. 때론 너무 벅차 다 포기하고 싶었을 텐데 남편은 묵묵히 모든 것을 해결해주고 감당해주었다. 대기업이라고 해도 그 월급으로 생활비와 병원비, 중국과 한국을 오갈 때마다 드는 비행기 값, 약값을 다 감당하기는 버거웠을 것이다.

하지만 돌이켜보니 나는 남편의 고마운 마음과 수고를 당연한 것으로 생각했다. 나는 아픈 사람이고, 내가 가장 고통받는 사람이라 생각해 남편의 고통을 헤아리지 못했다. 그가 가장이니 감당하는 게 당연하다 생각하며 누렸으니 때때로 얼마나 미웠을까 싶다. 늘 미안하다 말하는 것도 질리겠다 싶어서, 어느 순간부터는 고맙다, 미안하다는 표현도 속으로 삼키고 남편에게 해주지 못했다.

딸의 입시 때문에 한국으로, 그리고 다시 호주를 거쳐 한국으로 돌아오는 몇 년 동안 거리상으로도 멀어지면서 마음의 거리를 좁히지 못한 채 지금에 이르렀다. 남편은 여전히 경제적으로 우리 집의 가장이고, 딸과 나를 보살피는 데 최선을 다하고 있다. 나를 원망하는 말도, 미워하는 말도, 다툼의 말도 없었다. 그저, 마음의 고통을 덜 겪기 위해 그에게 이 정도의 거리가 필요하다고 그도 나도 인정하고 있는 분위기다.

옛 시간들을 되짚어볼수록 오랜 시간 그 사람 인생에 너무 큰 상처를 주어 진심으로 미안하고, 삶을 무력하게 했을 그 고통을 다 견디며 잘 해결해준 것에 대해 깊이 감사하며 또 존경하는 마음이다. 너무 많이 받기만 한 자의 너무 늦은 고백이지만, 언젠가 꼭 전하고 싶은 마음이다.

컴백 홈, 새로운 시작

공항까지 배웅을 해준 이모와 따뜻한 작별 인사를 나누고 입국장으로 들어서니 여행이 무사히 끝났다는 안도감이 들었다. 아쉬움이 없진 않지만, 여행을 마치고 집으로 돌아간다는 설렘이 더 컸다. 돌아가면 지금까지와는 다른, 새로운 삶이 기다리고 있을 것 같았다.

엄마 역시 나와 똑같은 감정이라고 했다. 진통제 없이는 견딜 수 없을 줄 알았는데 가져간 약이 떨어진 뒤 불안하고 힘들었어도, 타이레놀 한 알로 잘 버틴 것에 자신감을 얻었다고 했다. 이 정도면 이젠 무슨 일이든 할 수 있지 않겠냐며, 힘들다고 엄살 부리기보다 무엇이든 일단 한번 해볼 용기는 생겼다며, 엄마가 씩씩하게 웃었다.

유럽에서 함께 보낸 시간은 우리 모녀에게 길고도 달콤한 꿈이었다. 하지만 현실로 돌아간다고 해서 이 달콤했던 꿈이 와장창 깨져버릴 것 같지는 않았다. 돌아가서도 또 다른 달콤한 꿈을 꾸자고, 그렇게 생각하고 기대하며 살아가자는 다짐을 했다.

그래서인지 여행에서 현실로 돌아가는 길이 그 어느 때보다 나를 들뜨게 했던 것 같다. 여행을 떠나기 전의 모습과 비교하면 엄마와 난 많이 달라져 있었고, 달라진 엄마와 내가 돌아가 다시 살게 될 현실도 분명 달라져 있을 테니 말이다.

Epilogue

세상 밖으로 한 걸음, 또 한 걸음

살아오면서 수많은 수술과 어려움이 있었지만, 난 정말 긍정적으로 살아왔다. 몸이 아파도 남들 못지않게 다 할 수 있다고 생각하며 열심히 살았다. 그렇게 하면 다 잘 될 줄 알았다. 그런데 쉰이 넘어 돌아온 한국에서 내가 마주한 것은 '실패한 인생'이었다. 아마도 갱년기우울증과 빈둥지증후군 같은 것이 겹쳐 오면서 나 스스로를 그렇게 비하했던 것이겠지만, 당시에는 세상에서 내가 가장 불쌍하고 억울한 사람처럼 느껴져 견딜 수가 없었다.

인생의 봄은 다 가버려서 이제 다시 일어설 수 없다는 절망감, 그래도 이렇게 시들어가기엔 억울하다는 머릿속 생각이 마구 뒤엉켰고, 나도 모르는 사이 약에 매달려 현실을 회피하기 시작했다. 그것은 지옥이었다. 외출은커녕 거울 보는 것도 싫고, 딸에게 말 한마디 건네는 것도 끔찍하게 싫었던 나날들. 그러면서도 내가 옳다고 우기며 딸을 참 많이 힘들게 했다.

그런 나를 눈물로 끈질기게 설득해 세상 밖으로 한 걸음 내딛게 해준 내 딸. 어렵게 내딛은 그 한 걸음이 나에게 다른 세계를 경험하게 했고 '희망'이란 것을 품게

해주었다. 그리고 다시 딸과 함께 행복한 시간을 생각하며 시작할 수 있는 용기도 주었다.

이제 예전과는 아주 다르게, 준비만 잘 하면 딸과 여행도 하고 신혼 때 마지막으로 가본 극장에 가서 영화도 본다. 딸과 영화를 보러 나서는 길은 가장 기분 좋은 데이트 코스이다. 건강한 모녀처럼 둘이 손잡고 다니며 옷 구경도 하고 장도 보는, 평범한 모녀의 일상들이 많아졌다. 일상의 작은 행복에 다시 감사할 수 있도록, 그 어두운 터널을 같이 통과해준 딸에게 참 고맙다.

이 글을 쓰는 동안 잊고 싶었던 과거와 마주하면서 많이 속상해했고, 울기도 많이 울었다. 혼자서 원 없이 아파했던 것 같다. 너무 힘들어 피하고도 싶었다. 후회도 했다. 그러나 다 쏟아내고 울고 반성하고 다짐하게 해준 이 글쓰기가 나에게는 치유의 시간이었다. 책의 제목처럼, 또 한 걸음 나아갈 수 있게 해준 시간이었다.

한 걸음. 이 말이 나에겐 시작과 회복의 의미로 다가온다.

아가의 첫 걸음, 병원 환자들의 희망이 담긴 한 걸음처럼 말이다.

그동안 아프다는 이유로 이기적으로 굴던 내 행동과 그 때문에 상처 받았을 가족과 친구들에게 미안한 마음을 담아 반성하고 기도하며, 나의 또 다른 한 걸음을 준비해본다.

2015년 봄, 강은희